Technological innovation

한국 기업의 기술혁신

송성수

생각의힘

차례

머리말

1960년만 해도 우리나라는 매우 가난한 국가였다. 당시에 우리나라의 국민 1인당 총생산은 79달러로서 아프리카의 수단보다 적었고 남미에 있는 멕시코의 3분의 1에도 미치지 못하였다. 이러한 상황은 1962년에 경제개발 5개년 계획이 추진되면서 급속히 변하기 시작하였다. 이때부터 우리나라는 본격적인 산업화의 국면을 맞이한 것이다. 1960년대에는 경공업이, 1970년대에는 중화학공업이 주로 발전하였고, 1980년대 이후에는 첨단산업이 이를 뒤따랐다. 선진국이 18세기 중엽부터 산업화를 경험한 것에 비하여 한국의 산업화는 200년이나 늦게 시작되었다고 볼 수 있다. 그러나 우리나라는 매우 빠른 속도로 산업화가 전개되어 지금은 몇몇 산업에서 선진국과 대등한 위치를 차지하고 있다. 세계사적인 관점에서 본다면 1960년대 이후에 이루어진 우리나라의 급속한 산업화를 '한국의 산업혁명'으로 부를 수 있을 것이다.

이 책에서는 우리나라의 산업화가 상당한 기술발전을 동반해 왔다는 점에 주목하고자 한다. 이를 위하여 '기술능력(technological capabilities)'이라는 개념을 바탕으로 우리나라의 주요 기업이 어떻게 기술을 발전시켜 왔는지를 설명하고자 한다. 기술능력이란 기술을 획득하고 소화, 사용, 변화, 창출하는 데 필요한 다양한 지식과 숙련을 포괄하는 용어로서 생산 과정에서 습득한 현장 경험과 학습 효과, 투자에 필요한 지식과 숙련, 제품 설계 및 공정 기술의 향상에 필요한 변용 능력, 새로운 기술을 창출하는 데 필요한 지식 등으로 구성된다. 이 개념은 후발 공업국에서 수행되는 기술혁신의 원천을 포괄적으로 고려하고 있어 후발 공업국의 산업 성장과 기술발전 과정을 분석하는 데 상당한 적합성을 가지고 있다.

이 책에서 다룰 사례는 철강산업, 조선산업, 자동차산업, 반도체산업의 주요 기업인 포스코, 현대중공업, 현대자동차, 삼성전자이다. 이상의 기업들은 국내에서도 해당 산업에 후발 주자로 진입하였지만, 지속적인 기술능력 발전을 바탕으로 한국의 경제성장을 견인해 온 대표적인 기업에 해당한다. 특히 이 기업들은 외국 기술의 습득에서 시작하여 선진업체들을 급속히 추격하는 것을 넘어 세계적인 신기술을 창출하는 기술능력 발전

과정의 모든 단계를 잘 보여 주고 있다. 아울러 시기별로 차이는 있지만 세계적 경쟁력을 확보한 글로벌 기업으로 부상하면서 특정 제품을 넘어 기업 자체에 대한 광고를 시행한 공통점도 가지고 있다. 삼성전자의 '역사는 1등만을 기억합니다'(1994년), 포스코의 '소리 없이 세상을 움직인다'(2001년), 현대자동차의 'Drive Your Way'(2005년), 현대중공업의 '하면 된다'(2008년) 등이 그러한 예이다.

송성수

1.
소리 없이 세상을 움직인다, 포스코

한국 철강산업의 생산 규모는 1970년에 50만 4,000톤에 불과하였던 것이 1980년에 855만 8,000톤과 1990년에 2,312만 5,000톤을 거쳐 2010년에는 5,891만 2,000톤으로 지속적으로 증가하였다. 이러한 성장 추세는 다른 산업 부문에 비해서도 두드러진 것으로서 철강산업이 국내총생산(GDP)에서 차지하는 비중은 1970년에 0.4%였지만 1980년대 중반 이후에는 2.0% 내외로 향상되었다. 세계 철강산업의 측면에서는 1987년 세계 11위를 거쳐 1993년 이후에 세계 6위의 철강대국으로 도약하였으며, 2002년 이후에는 세계 5위 또는 6위를 유지하고 있다.

이러한 과정에서 포스코(POSCO)[1]가 중요한 역할을 담당해 왔다는 것은 주지의 사실이다. 포스코는 1970~1983년의 포항제철소 건설사업과 1985~1992년 광양제철소 건설사업을 배경

| 표 1. 한국 철강산업의 발전 추세(1970~2010년) **|** 단위: 천 톤, %

구분 \ 연도	1970	1975	1980	1985	1990	1995	2000	2005	2010
생산 규모 (포스코)	504 (-)	2,534 (1,234)	8,558 (5,903)	13,539 (9,284)	23,125 (16,223)	36,772 (23,428)	43,107 (27,735)	47,812 (31,420)	58,912 (33,716)
세계 철강 산업에서 차지하는 비중	0.1	0.4	1.2	1.9	3.0	4.9	5.1	4.2	4.2
국내총생산 에서 차지하는 비중	0.4	1.1	1.6	1.9	2.3	2.0	1.9	2.5	2.8

으로 세계적인 철강업체로 부상하였다. 생산량의 측면에서는
1990~1992년에 세계 3위, 1993~1997년에 세계 2위를 거쳐
1998년, 1999년, 2001년에는 세계 1위를 기록하였다. 2002년
이후에는 주요 철강업체들의 통합과 중국 철강산업의 성장을
배경으로 세계 4위 또는 5위를 유지하고 있다.[2]

포항제철소의 건설과 기술습득

—   우리나라의 종합제철사업 계획은

---

1 포스코의 전신은 포항종합제철이다. 포항종합제철은 1968년에 공기업의 형태로 창립
   되었으며, 2000년에 완전히 민영화된 후 2002년에 포스코로 이름을 바꾸었다. 이 글에
   서는 해당 기업의 명칭을 편의상 '포스코'로 칭하기로 한다.

2 이하에서 논의하는 포스코의 사례는 송성수. "기술능력 발전의 시기별 특성: 포항제철
   사례연구", 『기술혁신연구』 제10권 1호 (2002), pp. 174~200. 송성수, 『소리 없이 세상
   을 움직인다. 철강』(지성사, 2004)를 축약하면서 부분적으로 보완한 것이다.

1958~1969년의 11년 동안 7차례에 걸쳐 추진된 이후에 포항제철소 건설사업으로 현실화될 수 있었다. 포항제철소 건설사업은 103만 톤 규모의 1기 사업(1970~1973년)을 시작으로 2기(1973~1976년), 3기(1976~1978년), 4기(1979~1981년), 4기 2차(1981~1983년)에 걸쳐 지속적으로 추진되었으며, 이를 통해 포스코는 연간 철강 생산 능력이 910만 톤에 이르는 대형 철강업체로 성장하였다. 포스코는 포항제철소 건설사업을 통해 우수한 설비를 도입하는 데 많은 노력을 기울였으며, 당시 사장이었던 박태준은 사업 계획, 설비 구매, 건설 관리 등 거의 모든 분야에 걸쳐 제반 문제를 해결하는 데 크게 기여하였다.

그런데 포스코는 대규모 투자를 통해 철강산업에 진입하였음에도 일관제철소를 운영하는 데 필요한 지식 기반을 갖추지 못하고 있었다. 이러한 사정은 인천제철(현재의 현대제철)과 동국제강을 비롯한 기존 철강업체도 마찬가지였다. 당시에 국내 철강업계에 축적된 기술은 특정한 공정에서 소규모 설비를 가동하는 데 국한되어 있었다. 이러한 배경에서 포스코는 제철소 운영에 필요한 기술을 외국에 의존할 수밖에 없었는데, 당시에 기술습득의 가장 중요한 원천으로 작용한 것은 해외연수라고 할 수 있다. 그것은 "공장의 성공적인 건설이나 정상 조업이 가능하였던 것은 무엇보다도 해외 위탁 교육의 결과라고 할 수 있다."라는 포스코의 공식 기록에서 단적으로 드러난다.[3]

---

3   포항제철, 『포항제철 7년사: 일관제철소 건설기록』 (1975), p. 526.

'80. 2. 3

日本技術用役團 에서 提起한 問題을 韓國側의 利益
을 最大限 保長 받을 수 있도록 하는 考慮下에 事前에 決定
해두어야 할 此 購買方式에 關하여 아래와 같이 建議함

購買方法決定에 考慮될 要素

1. 兩國政府間에 合議된 金額範圍을 可能한
   限 盡 한다.

2. 性能保障에 關하여 技術協力會社나 機械
   使給合社가 責任 지도록 한다.

3. 工期, 工程을 可能한 限 廉行 할 수 있도록 한다.

4. 請求, 權, 資金 運用 節次을 簡素化 할 수 있는
   範圍 内에서 最大限 簡便한 手段 方法을 考慮한다.

위와 같은 要素에 依據 다음과 같이 行政節次
을 取할 수 있도록 한다.

① 浦項綜合製鐵이 日本技術協力會社와 協議
하여 機械/機作하는 納給者를 隨意 따로
選定 可能하도록 한다.

④ 境遇에 따라서 設計 製作 等 部分的으로 事
前 施行이 可能하고 簡便的 施行
했을 時 政府에서 이을 保證 하여준다.

④ 이러한 方式으로 推進 해나가기 屬해 兩國政府
間에 追加的 協議文書가 交換 될 必要가
있다면 政府에서 이을 推進 한다.

1970 年 2月 2日

浦項綜合製鐵 株式会社
社長 朴泰俊

| 포스코역사관이 소장 중인 설비 구매 재량권 부여 문서. 포스코가 우수한 설비를 저렴한 가격으로 구매하는 데에는 1970년에 박태준이 작성한 건의문에 박정희가 친필 서명을 해 준 소위 '종이마패'가 중요한 역할을 담당한 것으로 전해진다. 종이마패는 포스코가 설비를 구매하는 과정에서 재량권을 행사하고 정치권의 압력을 배제하는 수단으로 활용되었다. (자료: 포스코역사박물관)

포스코는 해외연수 후보자를 2배수로 선정한 후 준비 교육 결과에 따라 절반을 탈락시킴으로써 해외연수 대상자들을 엄선하였다. 그리고 이들을 파견하기에 앞서 3~6개월에 걸쳐 다양한 준비 교육을 시켰다. 준비 교육에는 일상회화와 철강 용어에 대한 외국어 교육, 철강산업에 대한 기초 지식, 외국에서의 교육 방법과 태도, 외국의 역사와 지리에 대한 상식, 해당 분야의 전문 지식이 포함되어 있었다. 더 나아가 포스코는 해외연수 요원이 연수 기관으로 출발하기 전에 현재 자신이 맡은 일이 회사와 국가를 위해서 얼마나 중요한 일인지에 대한 정신교육을 실시하였고, "연수 기관과의 계약 사항인 커리큘럼이나 일정표에 구애받지 말고 맨투맨 작전으로 상대방의 기술을 빠짐없이 배워 오라."라고 주문하였다. 또한 "연수자 중에서 성적이 불량한 사람들에 대해서는 강력한 조치를 취할 것"이라는 경고도 서슴지 않았다.

포스코의 해외연수에서 가장 많은 비중을 차지하였던 국가는 일본이었다. 신일본제철(新日本製鐵)과 일본강관(日本鋼管)은 '일본기술단(JG, Japan Group)'을 결성하여 포스코에게 기술을 전수하는 데 적극 협조하였다. 포스코 초창기에 해외연수를 받았던 사람들의 회고에 따르면, 일본 철강업계의 거두들이 친히 와서 명강의를 하였고, 일본 사람들 특유의 치밀함과 친절을 보였으며, 연수생이 요구하는 자료는 거의 제공하였다고 한다. 이처럼 일본이 포스코의 해외연수에 호의적이었던 데에는 지속적인 포항제철소 건설사업으로 상당한 경제적 이익을 얻을 수 있었다는 점이 가장 중요한 원인으로 작용하였다.

이러한 JG의 협조에 못지않게 중요한 사실은 포스코의 해외 연수 요원들이 교육 훈련에 능동적인 자세를 보였다는 것이다. 그들은 교육 내용을 자세히 기록하면서 강사들에게 끊임없이 질문을 제기하였으며, 제철소 운영에 필요한 자료들을 수집하는 데 많은 노력을 기울였다. 더 나아가 현장 실습으로 부족한 부분에 대해서는 JG의 담당 기술자들과 개인적인 친분을 쌓는 비공식적인 방법을 통해 보충하였다. 이에 대하여 포스코 초창기에 열연 분야의 연수팀을 인솔하였던 김종진은 다음과 같이 회고한 바 있다.

박[태준] 회장님은 일본에 가서 그들이 가르쳐 주는 기술만 배워 오는 것이 아니라 가르쳐 주지 않는 기술까지 모조리 눈에 담아 오라고 하셨습니다. 눈으로 담아 오라는 말씀은 수단 방법 가리지 말고 훔쳐 오라는 것 아닙니까? 그런데 그 당시에 무엇이 중요하고 무엇이 값비싼 것인지 알 수가 있었겠습니까? 도둑도 큰 도둑이 되려면 보석을 감정할 정도가 되어야 하는데, 알아야 진짜와 가짜를 가리지 않습니까? 죽을 똥을 쌌습니다. 일본 기술자들한테 술값이 엄청 들어갔어요. 설계도가 어디에 있는지 알 수도 없고 … 결국 나중에는 그 사람들이 일부러 캐비닛을 열어 놓고 피해 주더군요. … 어찌나 고마운지 … 그런데 기막힌 것은 파견된 우리 기술진들입니다. 아무리 만신창이가 될 정도로 술을 마셨어도 설계도만 보면 정신을 번쩍 차리고 주

머니에 쑤셔 넣고 눈에 담곤 하는 겁니다. 진짜 왕도둑놈들이더군요. 눈물겨운 일이었습니다.[4]

포스코는 해외연수를 통해 조업기술을 획득하는 한편 공장 가동에 체계적으로 대비함으로써 정상 조업도를 조기에 달성하고자 하였다. 이를 위하여 건설 공사가 끝난 뒤에 별도로 조업 및 정비 조직을 구성하는 것이 아니라 처음부터 조업 요원과 정비 요원을 편성하여 조업 요원이 건설 공사를 주관하고 정비 요원이 공사 감독을 담당하는 체제를 구축하였다. 이와 함께 포스코는 공장이 완공되기에 앞서 설비를 시험 가동하는 과정을 거침으로써 설비 결함으로 발생할 수 있는 문제점을 사전에 제거하고자 하였다.

설비가 가동된 후의 조업은 각 공정별로 해외연수를 받았던 대졸 엔지니어가 책임을 맡고 다른 기술자와 기능공이 보조원 역할을 담당하며 일본의 기술자가 자문을 제공하는 방식으로 진행되었다. 포스코의 대졸 엔지니어가 해외연수에서는 조연을 담당하였다면 조업 현장에서는 주연의 역할을 하였던 것이다. 특히 포스코는 55세로 퇴직한 일본의 현장 기술자들을 1~2년간 기술고문으로 고용하여 조업을 지도하도록 함으로써 풍부한 현장 경험을 전수받을 수 있게 하였다.

공장 가동 초기의 사고가 수습되고 직원들이 공장 조업에 익

4　이호, 『누가 새벽을 태우는가: 박태준 鐵의 이력서』, (자유시대사, 1992), pp. 239~240.

숙해지면서 포스코의 조업기술 수준은 빠른 속도로 향상되었다. 예를 들어 제선 공장의 경우에 JG는 포항제철소의 1고로와 규모가 비슷한 일본 제철소들의 조업도를 감안하여 1일 출선량(出銑量)이 설계 용량에 도달하는 기간을 설비 완공 후 12개월로 조언하였지만, 포스코는 6개월 내에 정상 조업도를 실현하는 것을 목표로 삼았고 실제적으로는 이를 107일 만에 달성하였다. 이후 공장이 정상적으로 가동되면서 외국 기술자에 대한 의존도가 현저히 줄어들었고, 4~5개월 정도 지났을 때에는 축적된 조업 경험을 바탕으로 현장 노하우를 충분히 습득하게 되었다. 외국에 대한 의존도가 감소하였다는 것은 포항제철소 2기 사업부터는 JG와의 기술용역 계약에서 조업 지도가 포함되지 않았고 일본의 퇴직 기술자를 기술고문으로 채용하는 계약이 1회로 종료되었다는 점에서 확인할 수 있다.

포스코가 빠른 속도로 조업기술을 습득할 수 있었던 중요한 요인은 기술 및 기능 인력을 관리하는 정책에서 찾을 수 있다. 우선 포스코는 우수한 공과대학을 졸업한 대졸 엔지니어들을 제철소 현장의 반장(foreman)으로 배치하여 공장 가동을 직접 담당하게 하였다. 당시에 대졸 엔지니어와 같은 우수한 직원들을 일반 관리직이 아닌 생산 분야의 반장으로 활용한 것은 특이한 일이었다. 그들은 교육 훈련을 통해 획득한 지식을 효율적으로 현장에 적용하였을 뿐만 아니라 창의적인 제안을 통해 기술을 개선하는 데 크게 기여하였다. 또한 포스코는 기능이 성스러운 경지에 도달한 사람들을 특별히 대우하는 기성(技聖, Saint

Technician) 제도를 실시하였다. 한국 정부가 1970년대 중반에 추진하였던 기능장 우대 정책이 기업의 성의 부족으로 무위로 그쳤던 반면 포스코는 기능 인력이 경력을 발전시킬 수 있는 통로를 제도화하고 기성단을 파격적으로 대우함으로써 기능 인력의 능력 개발을 촉진하는 데 크게 기여하였다.

광양제철소의 건설과 기술추격

— 　　　　　　　　　　　　광양제철소 건설사업은 1기(1985~ 1987년), 2기(1986~1988년), 3기(1988~1991년), 4기(1991~1992년)에 걸쳐 지속적으로 추진되었는데, 2기 사업의 경우에는 1기 사업이 마무리되기 6개월 전에 시작되는 공격적인 건설 방식이 시도되었다. 이를 통해 포항제철은 포항제철소의 940만 톤과 광양제철소의 1,140만 톤을 포함하여 총 2,080만 톤의 생산 능력을 구비하게 되었고, 1990~1992년에는 신일본제철과 유지노사실로(Usinor - Sacilor)에 이어 세계 3위의 철강업체로 부상하였다. 아울러 포스코는 두 제철소의 제품 구성을 달리함으로써 상호보완적인 관계를 유지하였다. 포항제철소는 열연, 후판, 선재, 냉연, 스테인레스 등의 다품종 생산 체제로, 광양제철소는 열연 및 냉연제품에 집중된 소품종 대량 생산 체제로 특성화한 것이다.

1980년대 들어 포스코는 광양제철소 건설사업을 통해 첨단설비를 대폭적으로 도입함에 따라 이를 원활하게 가동하기 위한 기술을 확보해야만 하였다. 그러나 그러한 기술들은 선진국에서 이전을 기피하거나 외국의 선진 제철소에서도 적용되기 시작하는 단계에 있었기 때문에 과거와 같이 일괄적으로 기술을 제공받는 것이 매우 어려웠다. 따라서 해당 기술을 자체적으로 개발하여 선진 기술을 조기에 추격하는 것이 중요한 과제로 부상하였다.

이러한 배경에서 포스코는 1977년에 설립한 기술연구소를 대폭적으로 재편하여 새로운 연구개발 체제를 구축하기 시작하였다. 그리고 이것은 1986년과 1987년에 포항공과대학교와 산업과학기술연구소(RIST, Research Institute of Industrial Science and Technology, 1996년에 포항산업과학연구원으로 변경됨.) 설립으로 이어졌다. 이로써 포스코는 기업과 연구소는 물론 대학을 연결하는 '삼각(三角) 연구개발 협동 체제'를 구축한 국내 최초의 기업이 되었다. 또한 포항공과대학교와 RIST는 포스코와 같은 기업에 의해 추진되면서도 연구중심대학이나 독립법인연구소와 같은 새로운 개념에 입각해 있었다. 특히 포스코, RIST, 포항공과대학교는 지리적으로 가까운 곳에 위치하고 있어서 실질적인 산학연 협동이 가능한 조건을 가지고 있었다.

1980년대에는 기술 활동을 전개하는 과정에서 당시 세계 최고의 철강 기술국이었던 일본을 추격하는 것이 중요한 기준으로 작용하였다. 포스코는 공식적인 문헌이나 비공식적인 접촉을 통해 일본이 달성하였던 기술적 업적을 알아낸 후 그것을 극복하기 위하여 수많은 노력을 기울였다. 일본은 1980년대부터 공식적인 기술이전을 기피하기 시작하면서 포스코의 기술수준 향상에 직접적으로 기여하지는 못하였지만, 기술적 업적에 대한 정보를 통해 포스코의 기술 활동에 많은 자극과 위기를 제공하는 간접적인 역할을 담당하였다고 평가할 수 있다.

포스코는 1980년대에 들어와 기술추격에 필수적인 선진 기술정보를 획득하기 위하여 각종 문헌과 자료를 조사하고 분석하는 작업을 본격적으로 전개하였다. 포스코와 RIST는 기술정보에 대한 수집과 분석을 바탕으로 제선, 제강, 제어, 에너지, 강재, 특수강, 용접, 표면처리 등의 모든 부문에 걸쳐 연구개발 활동에 필요한 참고 자료를 지속적으로 발간하였다. 또한 1979년부터는 외국 철강업체와의 업무 협정을 바탕으로 기술을 교류하는 공식적인 제도를 구축하였다. 그것은 해당 분야별로 기술자를 교환하고 간담회를 개최하는 방식으로 전개되었으며, 새로운 기술정보를 획득하는 통로로 활용되었다.

1980년대에 선진 철강업체들은 포스코를 견제하기 시작하면서 기술정보를 제공하는 데 인색한 모습을 보였다. 이에 따라 실질적인 기술정보를 획득하는 과정에서 '도용(盜用)'이라고 칭할 수 있는 방법이 동원되는 경우가 많았다. 예를 들어 포스코의 해외연수 요원들은 연수 기관이 적극적으로 협조하지 않는 상황에서 기밀 자료를 몰래 복사하고 자료와 설비에 대한 사진을 찍기도 하였다. 또한 개인적인 관계를 활용하여 자료를 수집하거나 설비를 관찰하여 기술정보를 획득하는 방법도 널리 활용하였는데, 이것은 포스코의 기술을 기획하고 개발하는 데 크게 기여하였다. 이와 같은 자료 수집이나 설비 관찰이 효과적으로 활용될 수 있었던 것은 포스코가 이미 상당한 지식 기반을 확보하고 있었기 때문이라고 풀이할 수 있다.

포스코는 기술개발을 효과적으로 추진하기 위하여 핵심적인 기술과제를 대상으로 태스크포스팀(TFT, Task Force Team)을 구성하여 집중적으로 관리하는 방법을 활용하였다. 태스크포스팀은 기술개발 기간과 시장진입 기간을 단축시키기 위해 연구개발, 시제품 개발, 양산기술 개발을 순차적으로 진행하지 않고 병렬적으로 추진하였다. 또한 태스크포스팀은 포스코는 물론 RIST, 포항공과대학교, 수요 업체를 포괄하는 경우가 많았기 때문에 보다 종합적인 차원에서 문제점을 해결할 수 있었으며 이를 통해 관련된 집단이 공동 연구개발을 추진할 수 있는 분위기가 조성되었다. 포스코는 태스크포스팀을 운영하면서 해당 목표를 단기간에 달성한 조직에게 파격적인 상금을 부여하고 이를 적극적으로 홍보하는 전략을 구사함으로써 조직 간 경쟁을 유발하고 기술개발 속도를 가속화시켰다. 이에 따라 해당 구성원들의 노동 강도는 매우 높아졌지만 그것은 포스코가 짧은 기간에 선진 기술을 추격하는 데 크게 기여하였다.

1980년대에 포스코가 전개한 기술 활동의 구체적인 유형은 다음의 세 가지로 구분할 수 있다. 첫째는 외국에서 기술을 도입하여 더욱 발전시킨 경우로서 미분탄취입 기술과 슬래브 품질 향상 기술이 여기에 해당한다. 둘째는 선진국이 기술이전을 회피하여 자체적으로 기술을 개발한 경우로서 초심가공용

강판(extra deep drawing steel)과 가속냉각법(TMCP, Thermo Mechanical Control Process)이 여기에 해당한다. 셋째는 포스코에 적합한 기술이 국내 기술진에 의해 개발된 경우로서 고로 조업의 전산화가 대표적인 예이다.

이처럼 1980년대의 기술 활동은 다양한 형태를 띠고 있었지만 기술혁신의 범위는 거의 모든 영역을 포괄하는 쪽으로 발전하였다고 평가할 수 있다. 그것은 포스코가 1981년과 1993년에 발간한 공식 자료에서 기술개선의 사례로 제시하고 있는 내용을 비교해 보면 명확히 알 수 있다. 즉 1981년의 자료는 몇몇 기술개선의 사례를 산발적으로 거론하고 있는 반면 1993년의 자료는 해당 기술을 포괄적이고 체계적으로 논의하고 있다(표 2 참조).

이러한 기술 활동을 바탕으로 포스코는 세계적 수준의 기술을 갖춘 철강업체로 성장하기 시작하였다. 제철소 설비의 정상 조업도 달성 기간은 더욱 단축되어 세계 신기록을 보유하게 되었다. 예를 들어 대부분의 고로는 화입에서 정상 조업도로 이행하는 데 30일 정도가 소요되지만 광양 1~4고로의 경우에는 그 기간이 23일, 18일, 18일, 7일로 계속해서 단축되었다. 또한 포스코는 1980년대에 들어와 100~110%의 공장 가동률을 보였다. 이러한 초과 가동 현상은 국내 철강 수요가 계속 증가하였다는 사실만으로는 설명될 수 없는 것으로서 포스코가 보유한 조업기술의 수준을 단적으로 보여 주는 증거라고 할 수 있다.

포스코가 보유한 조업기술의 전반적인 수준은 생산성과 관련

된 주요 지표를 통해 살펴볼 수 있다. 종합실수율은 1970년대
에 80% 정도에 머물렀던 것이 1987년 들어서 90%를 넘어섰으
며 1992년에는 94.4%로 일본의 94.8%와 거의 유사한 수준을
보였다. 또한 1992년에는 1인당 제품 생산량이 880톤으로 일본
의 1,102톤에 이어 세계 2위를 차지하였으며 에너지원 단위는
529만 킬로칼로리로 일본의 589만 킬로칼로리보다 효율적인
성과를 보였다. 이러한 점을 종합적으로 고려해 볼 때 포스코는
1990년대 초반에 일본과 대등한 세계적 수준의 생산성을 보였
다고 평가할 수 있다.

| 표 2. 포스코의 1970년대와 1980년대의 주요 기술개선 사례 |

구분	제선	제강	열연

1970년대	• 계측 및 제어기술
	• 조업 지수 관리
	• 수명 연장 대책
	• 중유 취입량 감소
		• 고탄소강 취련 패턴
		  확립
		• 출강 후 슬래그
		  유입 방지
		• 대형 슬로핑 발생 억제
		• 잔괴율(殘塊率)의 안정
			• 가열로 고압배관 설치
			• 조압연 실린더
			  리테이너(retainer)
			  탈락 방지
			• 냉각수라인 개조

1980년대	• 보조 연료 취입기술 • 장입물 분포 제어기술 • 고로 조업 전산화 • 고로 노벽 보수기술 • 고로 개수기술	• 용선 예비 처리기술 • 전로 조업기술 • 노외 정련기술 • 분체 취입기술 • 용강승온기술	• 가열로 연소 제어기술 • 치수 정도 향상기술 • 형상 제어기술 • 온라인 롤 연삭기술 • 재질 예측기술

자료: 포항제철, 『포항제철 850만 톤 준공사』(1981), 포항제철, 『영일만에서 광양만까지:
포항제철 25년사, 기술발전사』(1993).

차세대 혁신철강기술에의 도전과 기술창출

—   광양제철소 건설사업이 완료된 이
후에 포스코의 경영 체제는 '변신'이라고 할 수 있을 정도의 커
다란 변화를 경험하였다. 포스코의 변신에는 표면상으로는 박
태준의 퇴진을 계기로 정부의 경영 개입이 강화되고 최고 경영
진이 잇따라 교체된 것이 직접적인 원인으로 작용하였지만, 그
이면에는 국내 철강 수요 증가의 둔화, 해외 철강업체들의 강력
한 도전, 차세대 혁신철강기술의 출현 등과 같은 경쟁 환경의
변화가 자리 잡고 있었다. 이러한 배경에서 포스코는 경영 다
각화, 해외 거점 확보, 조직 · 인사 혁신, 사업 구조조정 등을 계
속해서 추진하였다. 경영혁신의 타이밍과 관련하여 포스코는
1990년대 중반에 대대적인 사업 구조조정 및 조직 · 인사 혁신
을 단행함으로써 그동안 축적되어 왔던 여유 자원을 충분히 활
용할 수 있었고, 1990년대 말에 구조조정을 추진한 다른 기업
에 비해 이해관계자들 사이의 갈등을 비롯한 사회적 비용을 적
게 부담할 수 있었다.

세계 철강산업은 1990년을 전후로 '기술혁명'이라고 부를 수
있을 정도의 급격한 기술변화의 국면을 맞이하였다. 이전에 분
리되어 있었던 생산 공정을 생략하거나 직결화할 수 있는 차
세대 혁신철강기술이 출현하기 시작한 것이다. 차세대 혁신철
강기술은 신(新)제선 기술과 신(新)주조 기술로 구분된다. 전자
에는 직접환원법(direct reduction)과 용융환원법(smelting reduction)
이, 후자에는 박슬래브주조법(thin slab casting)과 박판주조법(strip

| 표 3. 차세대 혁신철강기술의 개요 |

구분	제선			제강	연주	열연			냉연
	코크스	소결	고로			가열로	조압연	사상압연	
용융환원법	■	■	■						
박슬래브 주조법					■	■	■		
박판주조법					■	■	■	■	

주: 음영 부분은 생략되거나 통합될 수 있는 공정임.

casting)이 포함된다. 직접환원법은 고철의 공급 부족이 심화됨에 따라 고철 대체재를 생산하기 위한 기술이고, 용융환원법은 용융 상태의 철광석을 환원하여 직접 선철이나 용선을 제조하는 기술이다. 박슬래브주조법은 연주 공정과 열연 공정의 일부를, 박판주조법은 연주 공정과 열연 공정의 전체를 통합한 것이다 (표 3 참조).

포스코는 차세대 혁신철강기술의 개발을 위하여 프로젝트팀 형태의 조직을 구성하면서 우수한 연구 인력을 충원하였다. 프로젝트팀은 1980년대에 구성되었던 태스크포스팀이 더욱 발전한 형태라고 볼 수 있다. 태스크포스팀이 비교적 짧은 기간에 운영되었던 반면 프로젝트팀은 10년 이상의 장기적 안목에서 구성되었다. RIST는 1987년부터 용융환원법과 신주조 기술에 대한 기초 연구를 실시한 후 1990년 3월과 1991년 2월에 각각 스트립캐스팅(S/C) 프로젝트팀과 용융환원(S/R) 프로젝트팀을 발족시켰다. 스트립캐스팅 프로젝트와 용융환원 프로젝트팀장은 상당 기간 동안 신영길과 이일옥이 맡았다. 프로젝트팀의 연구원은 연구 경험이 풍부하거나 우수한 자질을 갖춘 박사급 인력을 중심으로 구성되었다.

포스코가 차세대 혁신철강기술에 대한 연구개발을 추진하는 과정에는 과거에 비해 현격히 늘어난 투자가 동반되었다. 스트립캐스팅 프로젝트에는 1989~2000년에 817억 원이 투자되었으며 용융환원 프로젝트에는 1990~2000년에 600억 원이 투자되었다. 1980년대에는 대형 기술개발 프로젝트의 경우에도 십억 대의 금액이 투자되었던 반면, 1990년대에 추진하였던 차세대 혁신철강기술 프로젝트에는 백억 대의 금액이 투자되었던 것이다. 이에 따라 막대한 연구개발 자금을 조달하는 것이 중요한 과제로 부상하였다. 용융환원 프로젝트는 정부로부터 222억 원을 지원받았으나, 포스코가 단독으로 추진한 스트립캐스팅 프로젝트는 수많은 논란을 거쳐야만 하였다.

차세대 혁신철강기술을 개발하는 작업은 기술정보를 수집하는 것에서 시작되었다. 당시에는 몇몇 공법을 대상으로 상업화가 시도되는 단계에 있었으며 확실한 성과가 도출되지 않은 상태였기 때문에 연구개발의 추진 방향을 정립하는 데 많은 어려움이 수반되었다. RIST의 연구진은 차세대 혁신철강기술에 대한 연구개발 활동을 전개하고 있었던 선진국의 관계자들과 개별적으로 접촉하여 기술개발 현황과 문제점에 대한 정보를 수집하였다. 당시에 선진국에서 입수할 수 있는 정보는 부분적이었을 뿐만 아니라 충분한 신빙성을 가지고 있지 않았기 때문에 실험실 수준의 테스트를 통해 그것을 수정하고 보완하는 작업을 지속적으로 수행해야만 하였다.

특히 차세대 혁신철강기술의 경우에는 '철강기술의 르네상스 시대'라고 부를 수 있을 정도로 과거와는 달리 매우 다양한 공법이 출현하는 경향이 있었다. 그중에서 포스코는 코렉스(COREX, Coal Ore Reduction)법과 ISP(In-line Strip Production)법을 선택하였다. 용융환원법의 경우에는 남아프리카공화국 이스코르(Iscor)가 코렉스법에 입각한 30만 톤 규모의 공장을 가동하고 있었지만 포스코는 규모의 경제 효과를 누릴 수 있는 60만 톤으로 확대하기로 하였다. 박슬래브주조법의 경우에는 미국의 뉴코어(Nucor)가 CSP(Compact Strip Production)법을 적용한 60만 톤 규모의 공장을 가동하고 있었고 1994년에 180만 톤으로 확장할 계획을 가지고 있었다. 포스코는 CSP법보다 생산 공정이 단축되어 설치 비용이 저렴한 ISP법을 선택하여 180만 톤 규모의 공장을 건설하기로 하였다.

1990년을 전후하여 포스코는 시험 설비(pilot plant)를 구축하여 상업화에 필요한 기술을 확보하기 위한 활동을 추진하였다. 시험 설비의 설계와 제작은 외국의 기술진과 국내 기술진이 공동으로 수행하였으며 설비 설계는 외국 기술진이, 설비 제작은 국내 기술진이 주도하였다. 용융환원에서는 오스트리아의 푀스트(Vöest)가, 스트립캐스팅에서는 영국의 데이비 디스팅톤(Davy Distington)이 공동 연구개발의 형태로 참여하였다. 시험 설비가 제작된 후에는 수십 차례의 시험 조업을 통해 생산 규모 확대, 품질 향상, 설비 개선 등을 도모하면서 실제 공장에 적용할 수 있는 설비 사양과 조업 조건을 도출하는 작업을 전개하였다. 이러한 과정을 거쳐 공장 건설사업에 착수하기 전에 상업적 활용 가능성이 높은 기술체계를 정립하였다.

이를 바탕으로 포스코는 1992년 10월에 코렉스 프로젝트 추진반과 스트립캐스팅 추진반을 구성하여 실제 공장을 건설하는 사업을 추진하였다. 코렉스법을 적용한 연산 60만 톤 규모의 신(新)제선 공장은 포항제철소에서 1993년 11월에 착공되어 1995년 11월에 완공되었다. 포스코는 1996년 12월부터 신제선 공장을 정상적으로 가동시킨 후 1998년 초에 코렉스 운용기술을 남아프리카공화국의 살다나(Saldanha)와 인도의 JVSL(Jindal Vijaynagar Steel Ltd.)에 수출하기도 하였다. 연산 180만 톤 규모의 1미니밀 건설사업은 광양제철소에서 1994년 12월부터 1996년 10월까지 진행되었다. 1미니밀은 약 3년 동안의 시행착오를 거쳐 1999년 7월에 완전 가동에 진입하였으며, 포스코는 박슬래브 제조기술을 1999년 10월에 네덜란드의 후고벤스(Hoogovens)에 판매하기도 하였다.

더 나아가 포스코는 차세대 혁신철강기술을 상업화하는 과정에서 새로운 개념을 제안하기도 하였다. 코렉스법은 용기 내부에 반응가스가 잘 통과할 수 있도록 입경이 8~35밀리미터인 철광석과 유연탄에 열을 가해 각각 덩어리 형태의 소결광과 코크스를 만든 뒤(01) 용광로에 넣는다. 용광로에서 코크스는 소결광의 산소를 떼어내고(환원) 소결광의 철은 녹아 쇳물이 된다(02).　.

일반탄에 압력을 주어 조개 모양의 성형탄을 만든 뒤(03), 철광석은 유동환원로에서 환원시켜 성형철을 만든다(04). 성형탄과 성형철을 용융로에 넣고 녹여 쇳물을 만든다(05).

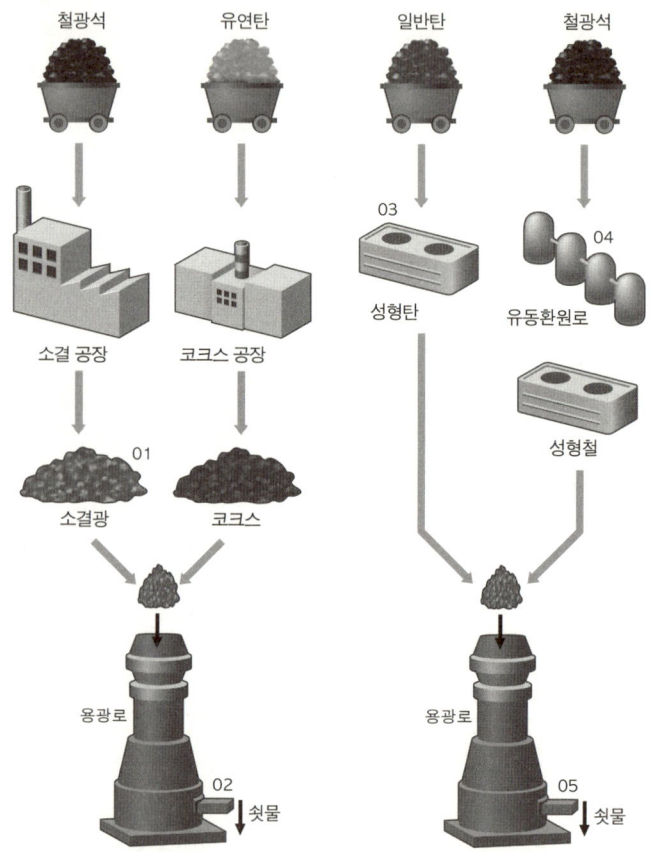

철광석　유연탄　일반탄　철광석

소결 공장　코크스 공장　성형탄 03　유동환원로 04

소결광 01　코크스　성형철

용광로　용광로

02 ↓쇳물　05 ↓쇳물

| 용광로 공법과 파이넥스 공법 (자료: 전희동, "검은 연기 대신 푸른 돈 쏟아낸다: 일석삼조 신제철공법 파이넥스", 「과학동아」 2007년 7월호, p. 108. 참조)

펠릿(pellet)을 원료로 사용해야 한다는 단점을 가지고 있었다. 이러한 문제점을 보완하기 위하여 입경 8밀리미터 이하의 분광석을 원료로 사용할 수 있는 새로운 공법을 모색하였는데, 이것이 바로 파이넥스(FINEX, fine iron ore reduction)법이다.

포스코가 파이넥스법을 개발하는 과정에서 보여 준 가장 중요한 특징은 점차적인 규모 확대(scale-up)를 통해 기술적·경제적 위험을 감소시켰다는 점이다. 파이넥스법은 모델 플랜트, 파일럿 플랜트, 데모 플랜트, 상용화 설비의 단계를 거치면서 기술적 실현 가능성과 경제적 타당성이 더욱 높아졌던 것이다(표 4 참조). 또한 파이넥스법의 경우에는 과거의 기술과 달리 공정설계, 설비 제작, 공장 조업의 세 단계에 필요한 요소기술을 국내에서 모두 정립해야 하였기 때문에 한 부분에서 오류가 있는 것으로 판명되면 연구개발의 방향 자체를 수정해야만 하였다.

| 표 4. 파이넥스법의 개발 단계 |

단계	모델 플랜트	파일럿 플랜트	데모 플랜트	상용화 설비
규모	일일 15톤	일일 150톤 (연산 3만 톤)	연산 60만 톤	연산 150만 톤
건설 시기	1996. 5	1998. 2~1999. 8	2001. 1~2003. 5	2004. 8~2007. 5
주요 활동	실험실 수준의 테스트	기술적 실현 가능성 검증	주요 기술의 완성과 경제성 검증	파이넥스법의 상업적 적용

자료: 송성수·송위진, "코렉스에서 파이넥스로: 포스코의 경로실현형 기술혁신", 「기술혁신학회지」 제13권 4호 (2010), p. 708.

게다가 파이넥스법과 같이 아직 검증되지 않은 기술을 개발하는 활동에서는 포스코는 물론 누구도 접해 본 적이 없는 새로운 문제들을 해결해야만 하였다.

결과적으로 포스코는 파이넥스법에 대한 공정기술과 조업기술을 모두 확보하는 데 성공하였다. 공정기술로는 유동환원 기술, 성형철 설비기술, 성형탄 제조기술 등을 개발하였고, 파이넥스 상용화 설비의 가동을 통해 이에 대한 조업기술도 축적하였다. 특히 코렉스법의 개발자는 푀스트였던 반면, 파이넥스법은 푀스트와 포스코가 공동으로 개발하였다는 점에 주목할 필요가 있다. 코렉스법의 경우에는 푀스트가 설비를 제작한 후 포스코가 조업기술을 개발하는 식으로 추진되었다. 그러나 파이넥스법의 경우에는 포스코와 푀스트가 공동으로 설비를 제작하였으며 조업기술은 포스코가 단독으로 확보하였다. 이로써 포스코는 파이넥스법에 관해서는 모든 측면에서 기술혁신 선도자(innovation leader)의 자격을 갖추게 되었다.

2.
하면 된다,
현대중공업

조선산업은 우리나라 산업사의 대표적인 성공 사례 중의 하나이다. 한국 조선산업의 규모는 수주량을 기준으로 1973년에 95만 7,000GT(Gross Tonnage)에 불과하였던 것이 1980년 170만 6,000GT, 1990년 573만 7,000GT, 2000년 2,068만 6,000GT을 거쳐 2010년에는 2,771만 2,000GT로 증가하였다. 특히 우리나라는 2001년을 제외하면 1999년부터 2008년까지 계속해서 세계 1위의 선박 수주량을 기록한 바 있다. 한국 조선산업의 세계적 위상은 세계 조선업체의 순위에서도 잘 드러난다. 2010년 건조량을 기준으로 세계 10대 조선업체 중에는 한국의 조선업체가 1위에서 6위까지 포진되어 있다. 현대중공업, 대우조선해양, 삼성중공업, 현대미포조선, 현대삼호중공업, STX조선이 그것이다.

연도 구분	1973	1980	1985	1990	1995	2000	2005	2010
수주량	957 (1.3)	1,706 (9.0)	1,339 (10.4)	5,737 (23.8)	7,763 (30.4)	20,686 (45.8)	21,609 (35.2)	27,712 (35.6)
건조량	14 (0.1)	522 (4.0)	2,620 (14.4)	3,460 (21.8)	6,218 (27.8)	12,218 (39.1)	17,628 (38.0)	31,546 (32.9)
수주 잔량	–	2,489 (7.2)	4,667 (18.0)	8,521 (21.4)	14,684 (30.3)	30,524 (42.9)	59,955 (36.1)	89,595 (34.3)

주: (   ) 안은 세계 조선산업에서 차지하는 비중임.

대형 조선소의 건설과 기술습득

—   우리나라에서 대형 조선소를 건설
하는 작업은 1970년 6월에 4대 핵(核) 공장 계획이 확정되고 현
대[5]가 실수요자로 선정되는 것을 계기로 본격화되었다. 그러나
그 이전에도 현대는 조선산업에 진출하기 위해 외국과의 합작
을 지속적으로 시도해 왔다. 현대는 1969년 여름에 캐나다의
엑커스(Ackers)와 접촉하였고, 1969년 10월에는 이스라엘의 팬
마리타임(Pan-Maritime)과 협상을 추진하였으며, 1970년 초에는
일본 미쓰비시중공업과 합작투자를 시도하였던 것이다. 1970
년 7월에는 조선소 건설이 제4차 한일 정기 각료회담의 정식 안

---

5 현대그룹에서 조선사업을 담당해 온 주체는 현대건설 조선사업 추진팀(1969~1970
   년), 현대건설 조선사업부(1970~1973년), 현대조선중공업(1973~1978년), 현대중공업
   (1978년~현재)의 순으로 변천해 왔지만, 이 글에서는 편의상 '현대'로 칭하기로 한다.

건으로 제기되었지만, 일본이 한국의 조선산업을 내수 위주로 국한하고 경영권을 요구하는 바람에 한일 협력이 무산되고 말았다.

그 후 현대는 유럽과의 협력을 추진하되 합작 투자 대신에 차관을 도입하여 독자적으로 조선소를 건설하기로 방침을 정하고 1971년 초에 서독의 아게베세(A. G. Wesse) 조선소와 접촉하였다. 그러나 선박 판매에 대한 과도한 수수료 요구로 협상이 결렬되었다. 현대는 1971년 9월에 마침내 영국의 애플도어(A&P Appledore) 및 스코트리스고우(Scott Lithgow)와 접촉하여 기술제휴 및 선박판매 협조 계약을 체결하였고, 같은 해 10월에는 그리스의 해운회사인 리바노스(Livanos)로부터 25만 9,000톤 급 초대형 유조선(VLCC, Very Large Crude Carrier) 2척을 수주하는 데 성공하였다. 그리고 이를 토대로 영국 등 5개국으로부터 차관을 조달할 수 있게 되었다.[6]

현대는 1972년 3월에 울산에서 조선소 건설 기공식을 가졌고 4월 10일에는 리바노스와 26만 톤 급 VLCC 1, 2호선 건조 계약을 체결하였다. 울산조선소 공사를 준비하고 전개하는 과정에서 현대의 조선사업 계획도 몇 차례에 걸쳐 수정되었다. 1971

---

6 당시에 정주영은 조선소 건설에 필요한 자본과 기술을 확보하기 위해 매우 도전적인 활동을 벌였다. 그는 1970년 9월에 애플도어의 롱바톰(Longbottom) 회장을 만나 거북선이 그려져 있는 500원 짜리 지폐를 꺼내 우리 민족의 선박 건조기술의 잠재력을 내세웠으며, 1971년 10월에는 요르거스 리바노스(George Livanos)를 만나 울산시 미포만의 백사장 사진 한 장, 5만 분의 1 지도 한 장, 26만 톤 급 유조선 설계도면 한 장을 가지고 협상을 추진하였다고 한다.

년 7월에는 연간 건조 능력을 50만 톤 급으로 정하였지만, 1972년 3월에는 70만 톤 급으로, 그리고 1973년 1월에는 100만 톤 급으로 확대하였다. 당시 우리나라의 대표적인 조선소였던 대한조선공사(현재의 한진중공업)의 연간 건조 능력이 10만 300톤에 불과하였다는 점을 고려해 볼 때 현대의 도전은 매우 야심찬 것이었다고 평가할 수 있다.

현대는 1974년 6월에 제1 독(dock)과 제2 독을 완공하여 울산조선소 1단계 사업을 완료하였고, 1975년 5월에는 제3 독을 추가하였다. 선진국의 경우에는 비슷한 규모의 조선소를 건설하는 데 4~5년이 걸렸지만, 현대는 2년 3개월 만에 울산조선소를 만들었던 것이다.

현대가 조선소 건설과 함께 선박 건조를 병행하였다는 점도 주목할 만하다. 현대는 울산조선소 기공식이 거행된지 약 1년 후인 1973년 3월에 VLCC 1호선 건조에 착수하였고, 같은 해 8월에는 2호선 건조도 추진하였다. 현대는 조선소를 완공한 후 선박을 주문받아 생산하는 방식이 아니라 시장에 먼저 진입한 후 조선소를 건설하면서 선박을 건조하였던 것이다. 이러한 방식은 현대가 세계 조선산업 역사상 처음 시도한 것으로 일명 '정주영 공법'으로 불리기도 한다.

울산조선소를 건설하는 도중에도 VLCC에 대한 수주는 계속되었다. 1973년 4월에는 일본의 가와사키와 재팬라인(Japan Line)으로부터 각각 23만 톤 급 VLCC 2척을 수주하였고, 같은 해 9월에는 홍콩의 월드와이드쉽핑(World-Wide Shipping)과 26만 톤 급 VLCC 4척에 대한 계약을 체결하였다. 이어 1974년 3월에는 재팬라인으로부터 26만 톤 급 VLCC 2척을 수주하였다. 이로써 현대는 1974년 6월에 울산조선소가 준공되기 전까지 모두 12척의 VLCC를 수주하는 성과를 거두었다.

한국 정부는 1973년에 장기조선공업진흥계획을 수립하고 1976년에 해운조선종합육성방안을 추진하는 등 조선산업의 발전을 적극적으로 지원하였다. 이를 배경으로 현대는 지속적으로 조선소를 확장하여 1979년까지 7개의 독을 확보하였고, 삼성은 1977년에 우진조선소를 인수한 후 1979년에 제1 독을 완성하였으며, 대우는 1978년에 대한조선공사가 옥포에 완공한 제1 독을 인수함으로써 조선산업에 진출하였다. 이어 1983년에 대우의 제2 독과 삼성의 제2 독이 각각 완공되면서 장기간에 걸친 조선소 건설이 일단락되었다. 1983년에 한국의 조선산업은 생산 규모에서 세계 2위로 발돋움하였고, 현대는 세계 조선시장 발주량의 10.3%를 수주하여 세계 1위의 조선업체로 부상하였다.

이러한 생산 규모 확대를 바탕으로 현대를 비롯한 한국의 조선업체들은 선진 기술을 도입하여 이를 흡수하는 데 적극적인 노력을 기울였다. 현대가 조선산업에 진출할 당시에는 요소기술은 물론 설계기술과 생산기술도 전혀 없어 영국, 일본 등 선진 조선국가로부터 모든 기술을 도입할 수밖에 없었다. 게다가 선박 건조에 소요되는 기자재도 대부분 외국에서 도입해야 하는 형편이었다. 당시 국내의 기술진 중에는 외국에서 들여온 설계도면을 읽을 수 있는 인력도 거의 없었다고 한다.

현대가 조선산업에 진출하면서 자금조달 못지않게 고심한 것은 기술 인력을 확보하는 것이었다. 현대는 국내 조선소에 근무하던 인력과 외국의 고급 인력을 영입하는 데 적극적인 노력을 기울였지만 그것만으로는 대규모 기술 인력을 충당할 수 없었다. 이에 현대는 1972년 9월에 영국 애플도어의 윌슨(Robert L. Wilson)을 소장으로 초빙한 후 사내 훈련소를 개설하여 자체적으로 기술 인력을 양성하기 시작하였다. 교육 훈련 과정은 6개월이었으며, 가스 절단, 배관, 판금, 전기, 기계 공작, 제도, 관리 등의 11개과를 운영하였다. 이런 식으로 현대는 1975년 말까지 정규 훈련생 2,172명을 포함하여 총 3,636명의 기술 인력을 배출하였다. 이러한 기술 인력의 양성을 바탕으로 조선소 건설과 선박 생산을 원활하게 추진할 수 있게 되었다.

현대는 VLCC를 효과적으로 건조하기 위하여 유럽과 일본으로부터 관련 기술을 도입하였다. 우선 1971년 9월에 애플도어의 중계로 영국의 스코트리스고우, 덴마크의 오덴세(Odense)와 기술도입 계약을 체결하였다. 스코트리스고우에게서는 26만 톤 급 VLCC에 대한 설계도를 구입하였으며, 오덴세로부터는 스코(J. W. Schou)를 비롯한 기술자들을 파견받았다. 또한 1973년 4월에는 일본의 가와사키와 23만 톤 급 VLCC에 대한 설계도 제공, 선박 수주의 대행, 기자재 구입의 알선 등을 포함한 기본협정을 체결하였다.

기술도입의 내역에는 기술연수도 포함되어 있었다. 당시 스코트리스고우는 현대가 수주한 것과 동일한 선박을 건조하고 있어 단기간에 조선의 개념을 체득하는 데 큰 도움이 되었다. 그러나 스코트리스고우는 기본 설계만 가지고 숙련 노동에 입각한 건조 방식을 채택하고 있었다. 이에 반해 가와사키의 경우에는 현장 작업을 세분화·단순화·표준화하여 설계도에 반영하는 생산설계가 발달되어 있었다. 현대는 가와사키에서의 연수를 통해 생산설계와 생산관리를 전면적으로 학습할 수 있는 기회를 가질 수 있었다. 이와 관련하여 당시 현대의 기술이사를 맡았던 백충기는 "스코트리스고우에서의 연수가 초보자에게 우리가 건조할 선박의 윤곽이나 조선소의 작업 개념을 심어준 것은 사실"이지만 "후일 가와사키중공업에서 추가 연수한 것이 우리 기술진의 생산관리 기법 습득에 큰 도움이 되었을 것"이라고 평가한 바 있다.[7]

이처럼 현대는 기술도입이나 기술연수를 통해 선진국의 기술을 확보하였지만, 이를 생산 현장에서 재현하는 것은 쉽지 않았다. 한 관계자에 따르면 1호선과 2호선이 건조되기까지 104가지의 크고 작은 시행착오가 있었다고 한다. 이러한 우여곡절을 거듭하면서 반복적인 작업이 이루어졌고 이를 통해 생산에 필요한 노하우를 습득할 수 있었다. 현대는 1974년 6월에 있었던 울산조선소 준공식에서 1호선에는 애틀랜틱 배런(Atlantic Baron), 2호선에는 애틀랜틱 배러니스(Atlantic Baroness)라는 이름을 붙였

---

7 현대중공업, 『현대중공업사』 (1992), p. 336.

| 대한민국역사박물관에 소장 중인 애틀랜틱 배런 호의 모형 (자료: 현대중공업)

다. 애틀랜틱 배런은 길이 345미터, 너비 52미터, 높이 27미터
로서 당시 국내 최대 빌딩인 삼일빌딩의 규모를 능가하였다. 현
대는 1974년 11월에 애틀랜틱 배런을 인도함으로써 세계 역사
상 최초로 조선소 준공과 함께 선박 수출을 완료하는 기록을 남
겼다.

VLCC를 건조하는 경험이 축적되면서 현대의 생산기술은
지속적으로 향상되었다. 예를 들어 현대의 선박검사 합격률
은 1973년에는 38.1%에 불과하였지만 1976년에는 선진국에
근접한 84.1%로 향상되었고, 1983년에는 LR(Lloyd's Register of
Shipping)과 DNV(Det Norske Veritas)로부터 선박 부문의 품질 수
준을 인정받았다. 특히 현대가 처음에는 스코트리스고우의 26

만 톤 급이나 가와사키의 23만 톤 급을 모델로 삼았지만, 7번째 VLCC부터는 두 모델을 혼합한 방식을 채택하였다는 점은 주목할 만하다. 즉 선체는 스코트리스고우의 26만 톤 급을, 기관실은 가와사키의 23만 톤 급을 기초로 삼고, 의장은 스코트리스고우 식과 가와사키 식을 혼합한 형태를 채택하였다. 이런 식으로 현대는 소위 '짜깁기식 기술조합'을 통해 자신의 고유한 건조 방식을 구축하고자 하였던 것이다.[8]

이러한 생산기술의 향상에도 불구하고 설계기술의 습득은 쉽게 이루어지지 않았다. 현대는 조선소 설립 5년이 넘도록 선박을 자체 설계한 경험이 없었으며 모든 설계도면을 외국 조선소나 컨설턴트로부터 수입하고 있었다. 현대는 1974년에 일본식 생산설계를 채택한 후 자체적인 생산설계 기술을 확보하기 위해 많은 노력을 기울였다. 이어 1978년 기본설계실을 설립한 후 선형 설계에 대한 개념을 세우고 외국 선사의 실적선을 토대로 선체 구조에 관한 상세설계에 착수하였다. 1979~1983년에는 독일, 덴마크, 캐나다 등에서 설계기술을 추가적으로 도입하여 자체적인 설계능력의 향상을 도모하였고, 이를 바탕으로 당시 표준 선가의 2분의 1 내지 3분의 2 수준으로 건조할 수 있는 표준형선을 자체적으로 설계·개발할 수 있었다.

대우와 삼성도 현대와 유사하게 기술도입과 기술연수를 통해 선진국의 조선기술을 흡수하는 과정을 밟았다. 여기에서 특기

---

8   배석만, "현대중공업의 초창기 조선기술 도입과 정착과정 연구", 『경영사학』 제26집 3호 (2011), pp. 181~214.

할 점은 한국의 조선업체들이 주로 유럽 국가들의 기술을 도입하였다는 점이다. 대우는 영국의 애플도어와 번스(T. F. Burns)로부터 기술을 도입하였으며, 삼성은 덴마크의 B&W(Bumeister & Wain)로부터 기술을 도입한 것이다. 일본은 세계 조선시장을 계속해서 지배할 의도를 가지고 있었고 한국의 조선산업이 일본에 대해 가져올 부메랑 효과를 염려하고 있었기 때문에 한국에 대한 조선기술의 이전에 소극적이었다. 이에 반해 유럽의 조선산업은 이미 사양기에 접어들었기 때문에 한국에 대한 기술이전에 비교적 호의적인 자세를 보였다.

조선산업의 합리화와 기술추격

— 1980년대에 들어와 세계 경제가 하강 국면을 맞이하면서 전 세계적으로 신조 수주량이 감소하는 경향을 보였다. 이에 따라 한국의 조선업체들은 고정비용이 높은 대형 설비의 가동률을 높이기 위해 저가 수주와 같은 공격적인 영업 활동을 전개해야 하였다. 그 결과 1980년부터 1987년까지 연평균 250만 GT를 수주하여 건조 능력 대비 약 60%의 물량을 확보할 수 있었다. 그러나 1980년대 중반에 수주한 선박의 톤당 선가가 1970년대 말에 비해 약 50% 이하로 떨어지면서 한국 조선업계의 재무구조가 악화되기 시작하였다. 게다가 1987년부터 시작된 원화절상과 노사 분규 등이 겹쳐 한국의 조선업계는 일종의 위기를 맞이하였다.

이러한 배경에서 한국 정부는 1989년에 조선산업에 대한 대대적인 합리화 조치를 취하였다. 한국 정부는 조선업계의 경영 부실이 과잉 시설 투자 때문이라고 진단하고, 1993년까지 신규 진입이나 시설 확장을 금지하였다. 대우조선, 인천조선, 대한조선공사는 재무구조 개선을 위해 정부에 합리화 지정을 신청하였다. 1990년에는 한진그룹이 대한조선공사를 인수하여 한진중공업으로 새롭게 출발한 후 동해조선, 부산수리조선, 코리아타코마를 잇달아 합병하였으며, 한라그룹은 인천조선을 인수하여 한라중공업(현재 현대삼호중공업)으로 상호를 변경하였다. 대우조선에 대해서는 일부 계열사의 통폐합과 같은 자구노력을 전제로 하여 대출금 상환 유예와 신규 대출금 제공이 이루어졌고, 한진중공업과 한라중공업에는 부실 기업을 인수한 대가로 세제 혜택이 주어졌다.

　한국의 조선업계는 정부의 조치에 부응하여 기업의 체질을 개선하기 위한 노력을 전개하였다. 신규 설비의 증설 없이 생산성 향상과 자동화를 위해 일부 시설을 교체하였으며, 고용 인력의 규모도 대폭적으로 줄여 나갔다. 이와 함께 조선 시황의 부침에 탄력적으로 대응하기 위하여 경영다각화 전략을 활발히 추진하였다. 조선기술을 응용하여 산업용 기계, 해양 플랜트, 철 구조물 등의 분야에 적극적으로 진출한 것이다.

　이처럼 경영 환경이 급변하는 가운데서도 한국의 조선업체들은 기술발전에 많은 관심을 기울었다. 한국의 조선산업이 선진국과 어깨를 나란히 하기 위해서는 무엇보다도 진일보된 기술을 독자적으로 개발할 수 있는 능력이 필요하였던 것이다. 이러한 문제의식은 1980년대를 통하여 조선업체들이 잇달아 연구개발 체제를 정비하는 것으로 이어졌다. 현대중공업은 1983년에 용접기술연구소를, 1984년에는 선박해양연구소를 설립하였고, 대우조선은 1984년에 선박해양기술연구소를 설립하였다. 삼성중공업은 1984년에 종합기술연구소 내에 선박연구실을 설치한 후 1986년에 선박해양연구소로 확대·개편하였다. 여기에는 한국 정부가 1980년대 이후에 민간 기업의 연구개발 활동을 촉진하기 위하여 금융, 세제, 인력 등에 대한 지원 시책을 대폭적으로 강화해 왔다는 점이 중요한 배경으로 작용하였다.

특히 현대가 1984년에 선박해양연구소를 설립하면서 예인수조(towing tank)와 2개의 작은 수조를 건설하였다는 점은 주목할 만하다. 최적 선형을 만들기 위해서는 적정 비율로 축소시킨 모형선을 실제 해상 조건과 유사한 수조에서 각종 시험을 실시해야 한다. 그런데 과거에는 이러한 모형시험을 외국의 연구소에 의뢰하였기 때문에 물적·시간적 손실은 물론 노하우 유출도 심각하였다. 이에 현대는 1984년부터 모형시험을 자체적으로 실시함으로써 각종 시험 비용을 절감하는 것은 물론 적기에 시험 결과를 설계에 반영하고 관련된 자료를 축적할 수 있었다. 이와 같은 자료의 축적은 유사한 선형이나 새로운 선형을 개발하는 데 큰 도움이 되었으며, 대외 신뢰도를 높일 수 있는 중요한 기반으로 작용하였다.

이러한 연구개발 체제의 정비를 바탕으로 한국의 조선업체들은 설계기술, 생산기술, 생산관리의 모든 영역에서 선진국의 기술을 본격적으로 추격하기 시작하였다. 설계기술의 경우에는 일본식 생산설계와 유럽식 기본설계를 바탕으로 이를 점진적으로 개선함으로써 유조선이나 벌크 화물선과 같은 일반 상선을 자체적으로 설계할 수 있게 되었다. 그러나 LNG선을 비롯한 고부가가치 선박에 대한 설계기술은 아직 확보하지 못한 상태였다. 이에 현대를 비롯한 한국의 조선업체들은 LNG선에 대한 기술을 도입하고 주요 부분의 실물 모형을 시험 제작하여 이에 대한 국제적 인증을 받는 등 고부가가치 선박 시장에 대한 진출을 착실히 준비해 나갔다.

생산공정의 측면에서는 1980년대 이후에 다양한 기술을 활용함으로써 선박 생산의 효율성을 제고하였다. CAD/CAM 등 컴퓨터를 활용한 선박의 설계와 생산이 이루어지기 시작하였고, 레이저 절단 설비를 채택하여 절단 작업의 정확도와 속도가 크게 제고되었다. 또한 이산화탄소 용접 기법과 플럭스 피복(flux cored wire) 용접 기법이 보급되어 용접 능률이 대폭적으로 향상되었다. 이와 함께 평 블록을 이동시키며 선체를 조립하는 패널라인(panel line) 장치가 설치되었고, 선체 블록을 완성한 후에 블록 전체의 도장을 공장 내에서 실시하는 방법이 적용되었다. 배관 작업이나 기기 설치 작업 등과 같은 의장 작업도 대부분 선체 블록을 독에서 탑재하기 전에 이루어지게 되었다.

생산관리 기술의 측면에서는 일본의 생산관리 전문가를 초청하여 이론적 계획관리 기법을 도입한 후 이를 전산화하여 각 조선소 실정에 맞게 개선하고 보완하는 작업이 이루어졌다.

이러한 기술혁신 활동을 통하여 한국의 조선업체들은 세계 조선산업을 선도하고 있었던 일본과의 기술격차를 빠른 속도로 줄여나갈 수 있었다. 한국 조선산업의 기술수준은 1980년대 초반에는 일본의 40% 정도에 불과하였지만 1990년대 초반에는 70% 내외로 향상되었다. 1992년에 있었던 상공자원부의 조사에 따르면, 일본을 100으로 할 때 한국의 설계기술은 71, 생산기술은 75, 관리기술은 68의 수준이었다. 또한 한국의 주요 조선업체들은 매출액 대비 연구개발 투자 비율이 1%에 미치지 못하였는데, 일본의 경우에는 2~3%인 것으로 조사되었다.[9]

특히 1980년대 중반의 불황기에 일본이 생산 단가를 낮추기 위해 선박의 표준화를 추진하면서 설계 인력을 대폭 감축하였던 반면, 한국은 설계 인력의 양성에 대한 지속적인 투자를 아끼지 않았다. 그 결과 일본은 설계 능력이 크게 약화되어 표준화된 선박 수주에 치중하게 되었던 반면, 한국은 우수한 설계 인력을 바탕으로 차별화된 기능의 선박을 다양하게 수주·건조하기 시작하였다. 그것은 한국이 1990년대 중반 이후 다른 국가에 비해 선주의 요구에 재빠르게 대응하여 이를 반영할 수 있는 능력을 발휘하게 되는 기반이 되었다.

---

9 한국산업은행, 「한국의 산업」(1993), pp. 461~463.

조선산업의 재도약과 기술창출

— 1990년대에 들어와 대체 수요를 중심으로 한 세계 조선 경기가 호전되면서 설비의 신증설이 활발하게 준비되었다. 특히 그동안 조선산업 합리화 조치로 인해 한시적으로 억제되었던 설비의 신증설이 1993년에 해제됨에 따라 삼성중공업을 필두로 현대중공업, 한라중공업, 대동조선(현재의 STX조선) 등이 연이어 독의 신증설을 추진하였다. 이러한 설비 확장은 1990년대 후반부터 세계적으로 조선 수요가 확대될 것이며 그 속에서 한국의 조선산업이 높은 국제 경쟁력을 확보할 수 있다는 기대에서 비롯되었다. 1993년에 한국은 엔화 가치가 상승하는 것을 배경으로 기존의 500만~600만 톤 수준에 비해 대폭 증가한 950만 톤의 선박을 수주하여 일본을 제치고 세계 1위의 수주국으로 부상하기도 하였다.

1997년을 전후로 발생하였던 한국의 외환위기는 역설적이게도 조선산업의 경쟁력을 획기적으로 높일 수 있는 계기로 작용하였다. 큰 폭의 원화 환율 상승이 가격 경쟁력을 제고하는 효과를 낳았고, 수주한 선박의 선수금과 대금은 달러로 유입되어 환차익이 발생한 것이다. 물론 외환위기로 차입금에 의한 타격이 컸기 때문에 한라중공업과 대동조선은 부도 사태를 맞이하였고 대우중공업은 그룹 차원의 파탄으로 화의 절차를 밟게 되었다. 그러나 한국의 조선산업 전체로는 외환위기가 좋은 기회로 작용하였으며, 세계 조선시장도 연간 발주량이 2,200만~3,700만 GT에 이르는 등 호조세가 계속되었다.

여기에서 주목할 점은 일본이 세기 말부터 조선산업이 불황으로 접어들 것으로 예측하여 건조시설을 축소하였다는 점이다. 이와 관련하여 1990년대 초반에 조선 호황기가 도래하였을 때 몇몇 조선 전문가들은 호황이 10년간 이어지고 이후에는 조선산업의 수요가 감소할 것으로 예측하기도 하였다. 그러나 이른바 '중국 효과'로 인하여 조선산업은 지속적인 호황을 맞이하였다. 일본은 조선산업의 호황이 이어지고 주문이 폭주해도 소화하지 못하였고, 한국이 이를 넘겨받아 세계 1위의 조선강국으로 발돋움하게 되었던 것이다. 한국의 조선산업은 2000년대에 들어서도 세계 조선경기의 호조를 배경으로 수주량과 건조량을 지속적으로 증가시켜 세계 1위의 자리를 지키고 있다.

1994년 5월에는 현대중공업, 대우조선, 삼성중공업, 한진중공업, 한라중공업 등 5대 조선소와 한국기계연구소 선박해양공학연구센터가 참여한 한국조선기술연구조합이 결성되었다. 한국조선기술연구조합은 산학연 연구개발 협력 체계를 구축하여 조선산업 분야의 공통 애로기술과 관련 첨단기술에 관한 기술적 과제를 해결하는 것을 목적으로 삼고 있다. 이와 함께 1996년 10월에는 중소 조선업체의 구조 고도화와 기술경쟁력 제고를 위해 부산에 한국중소조선기술연구소가 설립되었다. 과거에는 조선업체별로 사내 연구소를 설립하여 기술경쟁력을 강화해 왔던 반면, 1990년대 중반 이후에는 연구조합을 매개로 협동적 기술개발을 추진하였던 것이다.

조선산업에 정보기술을 접목하는 작업도 활발히 전개되었다.

한국조선기술연구조합을 중심으로 대형 조선소들이 컨소시엄을 구성하여 조선 CIMS(Computer Integrated Manufacturing System) 개발 사업을 추진하였다. 생산기술에서는 조립 공정과 용접 공정에 로봇이 널리 사용되기 시작하였으며, 3차원 대형 블록을 정확하게 측정하는 기술이 개발되어 노 마진(no-margin)으로 여유를 두지 않고 가공하더라도 조립이 가능하게 되었다. 선체 블록의 대형화도 더욱 촉진되어 중량 2,500톤 급의 초대형 블록 생산 체제도 구축되었다. 이와 함께 설계, 생산, 검사, 인도 및 사후 관리에 이르는 전 과정에 걸쳐 ISO 9000 인증을 취득하여 국제적 신뢰성도 높였다.

한국의 조선업체들은 그동안 축적된 기술과 새로운 연구개발 체제의 정비를 바탕으로 1990년대 중반 이후에 우수한 성능과 높은 부가가치를 갖춘 선박을 설계하고 이를 경쟁력 있게 생산할 수 있는 능력을 확보하였다. 특히 2000년대에 들어서는 단순히 일본을 추종하는 데 그치지 않고 독자적인 기술경로를 개척함으로써 기술적인 측면에서도 세계 최고의 수준을 달성할 수 있었다. 그것의 결정적인 계기는 LNG선 시장에서 새로운 기술표준을 선점한 것에서 찾을 수 있다.[10]

LNG선은 '조선기술의 꽃'으로 불릴 정도로 최첨단의 기술능력을 요구하며 한 척에 1억 달러가 넘는 초고가 선박이다. LNG

---

10 채수종, 『미래를 나르는 배, LNG선』(지성사, 2004), 김형균, 손은희, "조선 산업의 일본 추격과 중국 방어", 이근 외, 『한국 경제의 인프라와 산업별 경쟁력』(나남출판, 2005), pp. 251~282.

선은 LNG를 싣는 탱크인 화물창의 구조에 따라 모스(moss)형과 멤브레인(membrane)형으로 나뉜다. 선체와 LNG 탱크가 분리된 모스형은 극저온으로 인해 선체가 파손될 위험이 적은 반면 용량의 확장이 어렵고, 선체와 탱크가 일체화된 멤브레인형은 상대적으로 안전성이 떨어지는 반면 대용량을 운반할 수 있는 장점을 가지고 있다.

　한국의 조선업체들은 1990년 이후에 LNG선 시장에 진출하면서 모스형과 멤브레인형을 놓고 치열한 경쟁을 벌였다. 세계 최고의 조선국인 일본이 채택하고 있는 모스형을 추종해야 한다는 주장과 앞으로 세계 LNG선 시장에서 일본과 경쟁하기 위해서는 멤브레인형을 개척해야 한다는 주장이 팽팽히 맞섰다. 1990년에는 모스형의 국내 독점 건조권을 가지고 있었던 현대중공업의 입장이 수용되어 모스형 LNG선이 발주되었다. 그러나 1992년 이후에는 한진중공업, 대우조선, 삼성중공업이 추진한 멤브레인형 LNG선도 동시에 발주되는 양상을 보였다. 특히 대우는 멤브레인형 LNG선에 도전하면서 모든 장비를 국산화하고 환경에 맞게 개선하는 작업을 적극적으로 추진하였다. LNG선 전용 자동 용접기, 보온재 자동 주입 장치, LNG선 통합자동화시스템(IAS, Integrated Automation System) 등이 대표적인 예이다.

　일본이 개발한 모스형 기술을 빌리지 않고 멤브레인형 LNG선의 상업화를 독자적으로 추진한 한국의 모험은 결국 큰 성과를 거두었다. 2000년대 이후 전 세계적으로 LNG선의 수요가 크게 늘어났을 뿐만 아니라 멤브레인형의 안전성이 입증되면서 수요가 멤브레인형으로 쏠리게 되었던 것이다. 이를 배경으로 한국의 조선업체들은 LNG선 시장의 주도권을 잡게 되었고 뒤늦게 멤브레인형에 뛰어든 일본의 조선업체들이 한국의 기술을 도입하는 현상도 나타났다. 현대중공업은 2003년에 세계 최초로 개발한 플라즈마 용접 기법을 멤브레인형 LNG선에 적용함으로써 두 가지 형태의 LNG선을 건조하는 최초의 업체가 되었다.

더 나아가 한국의 조선업체들은 복합적 기능을 가진 선박들을 잇달아 개발함으로써 새로운 기술경로를 창출하는 모습을 보여 주고 있다. LNG선 위에서 액체가스를 기체로 바꾸는 장치를 장착하여 배에서 곧바로 소비자에게 가스를 공급하는 LNG-RV(regasification vessel), 북극해의 얼음을 깨면서 원유를 운반하는 쇄빙유조선, 바다에서 원유를 채취하여 정유하는 기능을 가진 FPSO(floating production storage offloading), 지면효과를 이용하여 물 위를 스치듯 날아가는 WIG선(wing-in-ground ship) 등이 대표적인 예이다.

이처럼 한국의 조선업체들은 1990년대 중반부터 과거의 양적 수주에서 벗어나 질적 수주로 전환하기 위하여 고부가가치 선종을 중심으로 꾸준히 연구개발을 강화해 왔다. 이에 따라 주력 선종에서도 LNG선, FPSO, 초대형 컨테이너선 등과 같은 고부가가치 선종의 비중이 점차 증가하고 있다. 특히 일본이 하나의 설계도면으로 여러 대의 선박을 만드는 표준선 건조에 치중해 왔던 반면, 한국은 다양한 고부가가치 선박에 대한 요구에 탄력적으로 대응해 왔다. 이를 배경으로 한국은 세계 조선시장에서 초대형 컨테이너선의 약 80%, LNG선의 약 80%, FPSO의 약 90%에 대한 건조를 담당하고 있다. 이와 같은 고부가가치선에 대한 설계와 건조는 일본과의 격차를 더욱 벌리고 중국의 추격을 물리칠 수 있는 기반으로 평가되고 있다.

최근에 한국의 조선산업에서 이루어졌던 대표적인 기술혁신으로는 신(新)건조공법을 들 수 있다.[11] 그동안 대부분의 조선소들은 독 일정이 꽉 차 있어서 추가 수주 및 건조가 어려웠고, 이 때문에 선박 수주를 포기하는 경우가 많았다. 이러한 상황을 극복하기 위해 한국의 조선업체들은 다양한 형태의 새로운 건조공법을 개발하였다. 현대중공업의 육상건조 공법(on-ground building method), 삼성중공업의 메가블록 공법(mega block method), STX조선의 스키드런칭 시스템(skid launching system), 한진중공업의 댐(DAM) 공법 등이 그것이다. 이처럼 한국의 조선업체들은 선박을 제조하는 공법을 대폭적으로 변경함으로써 조선산업의 새로운 패러다임 변화를 예고하고 있다.

현대중공업의 육상건조 공법은 기존의 건조 독을 사용하지 않고 육상에서 선박을 조립한 후 완성된 선박을 레일 위로 밀어서 바지선으로 옮기고 바지선을 잠수시켜 선박을 바다에 띄우는 공법이다. 삼성중공업의 메가블록 공법은 독 밖에서 기존보

---

11 김경미, "육상건조공법 등 다양한 새 기술 성공", 『해양한국』 2005년 2월호, pp. 36~40.

| 육상건조를 위해 사용된 말뫼의 눈물. 육상건조를 위해서는 독건조 때보다 훨씬 규모가 큰 골리앗 크레인이 필요하였는데, 현대중공업은 스웨덴에 있는 세계 최대의 크레인인 말뫼의 눈물을 공수하여 이를 보수한 후 사용하였다. 말뫼의 눈물은 1,200톤을 들어 올려 종전의 기록인 760톤을 갱신한 바 있다. (자료: 현대중공업)

다 5~6배 큰 초대형 블록으로 조립한 후 해상 크레인을 이용해 독 안으로 이동시키는 공법이고, STX조선의 스키드런칭 시스템은 선박의 절반씩을 육상에서 건조한 후 해상에서 연결하는 공법이다. 한진중공업의 댐 공법은 독 안에서 탑재가 가능한 길이만큼의 선박을 건조하여 진수하고, 독을 초과하는 구간은 육상에서 나머지 블록을 만든 뒤 해상에서 이 두 단위를 용접·접합시키는 공법인데, 댐은 수중 용접을 위한 물막이 구조물을 의미한다.

3.
Drive Your Way,
현대자동차

우리나라의 자동차 생산량은 1970년에 2만 9,000대에 불과하였던 것이 1990년에 132만 2,000대, 2000년에 311만 5,000대를 거쳐 2010년에는 427만 2,000대로 지속적으로 증가하였다. 한국의 자동차산업이 세계에서 차지하는 비중도 1995년 들어 5%를 넘어서기 시작하였으며, 한국은 1985년 세계 13위, 1988년 10위, 1998년 8위를 거쳐 2000년 이후에는 세계 5위의 자동차 강국으로 도약하였다. 자동차산업은 2010년을 기준으로 우리나라 제조업 생산액의 11.4%, 부가가치의 10.6%, 수출의 11.7%를 차지하고 있다.

우리나라 자동차산업의 성장 과정에서 현대자동차가 중요한 역할을 담당해 왔다는 것은 주지의 사실이다. 현대자동차는 1967년에 설립된 후 지속적으로 성장하여 1995년에 세계 13위

| 표 6. 한국 자동차산업의 발전 추세(1970~2010년) | 단위: 천 대, %

연도 구분	1970	1975	1980	1985	1990	1995	2000	2005	2010
국내 생산량 (A)	29	37	123	378	1,322	2,526	3,115	3,699	4,272
세계 생산량 (B)	29,403	32,998	38,514	44,812	48,346	50,077	59,089	67,610	77,015
비중(A/B)	0.1	0.1	0.3	0.8	2.7	5.0	5.3	5.5	5.5

를 기록하였고, 1998년에 기아자동차를 인수한 후 2000년에는 세계 10위, 2009년에는 세계 5위의 자동차업체로 부상하였다.

현대는 대우나 삼성과 같은 다른 자동차업체와 달리 국내의 자본과 기술로 운영되어 온 특징을 가지고 있다. 특히 현대는 우리나라 자동차산업의 기술발전 경로를 잘 보여 주고 있는데, 1975년에는 고유모델(original model) 포니를 개발하였고, 1985년 에는 수출 전략용 차종인 엑셀을 선보였으며, 1991년에는 알파 엔진을 개발하여 독자모델(unique model)로 이행하였다.[12]

---

12 여기에서 '고유모델'이란 외국에서 생산 · 시판된 일이 없는 새로운 설계의 차종을 의미한다. 그것은 차량 모델을 누가 설계하고 차량에 탑재되는 부품을 누가 개발하는가 하는 문제와 무관하다. 이러한 작업들을 완전히 자체적으로 수행한 경우는 '독자모델'에 해당한다.

고유모델의 개발과 기술습득

— 　　　　　　　　우리나라의 자동차산업은 1962년
에 자동차공업육성 5개년 계획이 발표되고 자동차공업보호법
이 제정되면서 본격적으로 성장하기 시작하였다. 같은 해에 새
나라자동차, 기아산업, 신진공업 등이 자동차산업에 진출하였
고, 1965년에는 아세아자동차가, 1967년에는 현대자동차가 설
립되었다. 그러나 당시의 자동차업계는 자동차 부품은 물론 조
립기술까지 외국의 선진업체에 의존할 수밖에 없었다. 이러한
점은 정부가 1967년 4월에 자동차 제조 공장 허가 기준을 마련
하면서 "자동차 제조 및 조립에 관해 선진 외국과 기술제휴를
한 업체로서 제휴선이 제품 성능을 보장할 수 있는 조건을 구비
한 업체에 한해 자동차 제조 공장으로 허가한다."라고 규정하
였다는 점에서 잘 드러난다.

현대자동차는 1968년에 미국의 포드와 조립자 계약 및 기술
도입 계약을 체결함으로써 코티나 승용차를 조립 생산하기 시
작하였다. 당시의 국산화율은 20%를 간신히 상회하는 수준이
었으며, 그나마 국산화 품목도 배터리, 타이어, 범퍼, 페달, 시
트 등과 같은 간단한 프레스물 정도에 불과하였다. 이러한 양상
은 신진, 기아, 아세아 등 기존 업체의 경우도 마찬가지였다. 예
를 들어 당시에 한국 자동차업계의 선두 주자였던 신진자동차
의 경우 1966년에서 1969년까지 자동차 생산량은 6배 이상 증
가하였지만, 국산화율은 21%에서 38%로 증가하는 데 그쳐 자
동차 부품 수입 액수는 13배나 늘어났다.

정부가 1973년에 발표한 장기 자동차공업 진흥계획은 우리 나라 자동차산업의 기술수준을 근본적으로 타개할 수 있는 계 기로 작용하였다. 이 계획은 1980년에는 완전 국산화된 50만 대의 자동차를 생산하여 자동차 수출 1.5억 달러를 달성한다 는 목표하에 '① 외국에서 생산·시판된 적이 없는 엔진 배기 량 1500cc 이하 소형 승용차의 양산화(연산 5만 대 이상), ② 1975 년 생산 개시, ③ 95% 이상의 국산화율 달성'이라는 지침을 충 족시키는 소형차를 1976년 이후 국민차로 지정하여 금융, 세제 및 행정면의 제반 지원을 우선 제공한다고 규정하였다. 즉 외국 산 중형차를 조립 생산하는 기존 방식으로는 고가격으로 인한 수요 부진, 에너지 과다 소비, 낮은 국산화율이 불가피하기 때 문에 저가의 국산 소형 승용차를 양산하고 수출하는 것으로 정 책 방향을 전환한다는 것이었다.

이에 국내 자동차 3사인 기아, 현대, GM코리아[13]는 정부의 방침에 맞추어 사업계획서를 제출하였으며, 사업계획서를 제 출하지 못한 아세아는 1976년에 기아에 흡수되었다. 그리고 1974년에 장기 자동차공업 진흥계획이 최종 확정됨으로써 국 내 자동차업체의 기술능력은 '단순 조립 단계'에서 '제조 단계' 로 이행할 수 있는 계기를 맞이하였다. 여기에서 단순 조립 단 계란 완성차 메이커가 대부분의 부품이나 부분품을 수입하여

---

13 GM코리아(GMK)는 1971년에 신진자동차와 GM이 공동 출자하여 설립한 회사로서 새한자동차(1976~1983년), 대우자동차(1983~2002년), GM대우오토앤테크놀로지 (2002~2011년)를 거쳐 2011년부터 한국GM(GM Korea)으로 변경되었다.

그것들을 단순히 조립하는 것을 의미한다. 제조 단계는 완성차 메이커가 비록 도면과 부품은 수입하시만 치체와 엔진 등은 직접 제작하고 생산하는 것을 뜻한다. 우리나라 자동차업계는 단순조립 단계에서 제조 단계로 이행함에 따라 비로소 단순한 조립기술을 넘어서 생산기술을 학습할 수 있는 기회를 가질 수 있었다. 게다가 도입한 도면이 제조에 필요한 모든 노하우를 체화하고 있는 것은 아니기 때문에 그것을 보완하는 기술 활동이 촉발될 수 있었다.

현대는 정부의 계획 이전에 이미 고유모델 소형차 생산을 위한 준비 작업을 진척시키고 있었기 때문에 정부가 제시한 사업 지침을 가장 잘 만족시키는 사업계획서를 제출할 수 있었다. 특히 기아가 파밀리아 차종을, GM코리아가 카데트를 동양판으로 개작한 모델을 도입하여 내수 판매하기로 한 데 반해, 현대는 고유모델인 포니의 개발과 수출을 추진하였다. 이 점에서 현대는 국내 자동차기업들 중 가장 공격적인 기술전략을 추구하였다고 할 수 있는데, 이러한 전략상의 차이는 각 자동차기업의 성장과 기술능력 발전에 큰 차이를 유발하였다.

현대가 합작을 통한 손쉬운 방법이 있었음에도 불구하고 고유모델 개발을 결정한 데에는 최고 경영진의 결단이 중요한 배경으로 작용하였다. 사실상 현대도 1970년에 포드와 합작회사를 설립하는 계약을 맺었지만, 현대를 부품 생산의 하청기지로 만들려는 포드의 입장 때문에 1973년에 무산되고 말았다. 이를 계기로 정주영, 정세영 등 현대의 최고 경영진은 외국의 자동차에 의존하는 것은 결국 수입 판매 대리점과 다를 바 없다고 판단하고 사생결단의 각오로 고유모델을 개발하기로 하였다. 이에 대하여 현대 외부는 물론 내부에서도 당시의 기술수준으로는 고유모델의 생산이 불가능하고 혹시 생산이 된다고 하더라도 판매되지 않을 것이라는 의견이 많았다. 그러나 현대의 최고 경영진은 독자적인 기술 기반을 구축하여 진정한 자동차메이커로 성장한다는 일념하에 고유모델의 개발을 강력히 추진하였다.[14]

현대는 우리나라 최초의 고유모델 승용차인 포니를 개발할 때 핵심 기술의 대부분을 외국에서 도입하였다. 스타일링과 차체 설계를 위해 이탈디자인(Ital Design)에 기술용역을 의뢰하였고, 엔진, 변속기, 후차축 등 동력 발생 및 동력 전달 장치, 플랫폼(언더바디섀시 및 플로어)의 설계도면(섀시레이아웃), 엔진 제조를 위한 주물제조 기술은 일본의 미쓰비시에서 도입하였다. 그 밖에 현가장치, 조향장치, 제동장치, 엔진마운트, 냉각 및 배기시스템 등 주요 섀시 부품들은 현대가 미쓰비시의 랜서 차종을 분해하거나 도입한 부품을 일일이 측정하여 도면으로 만들었다. 부족한 기술적 자료는 기존의 코티나, 뉴코티나 등의 포드 사양을 응용하되 국내 기술수준을 감안하여 약간 수정하는 방식으로 준비하였다.

이처럼 현대는 고유모델 포니를 개발함에 있어서 차체 설계,

---

14 정세영, 『미래는 만드는 것이다: 정세영의 자동차 외길 32년』 (행림출판, 2000), pp. 178~179.

엔진, 변속기 등의 주요 기술을 모두 외국업체에게 의존하였으나, 이들 요소들을 결합하여 하나의 새로운 차종으로 만들어 내는 모든 과정은 자체적으로 해결해야 하였다. 즉 성능이 확인된 완성차를 도입한 것이 아니었기 때문에 엔진의 차체 탑재, 차체와 섀시의 조화 등 제반 측면에서 해당 기술을 적용하기 위한 노력과 시험이 뒤따랐다. 그것은 고유모델이기 때문에 생겨난 기술학습의 중요한 원천이었으며, 수많은 시행착오를 동반하였다. 이처럼 현대는 다국적 기술의 도입으로 새로운 기술학습의 원천을 창출하고 소위 '짜깁기식 기술조합'을 통해 자신의 고유모델을 개발한 것이다.

포니의 개발을 계기로 우리나라는 아시아에서 일본에 이어 두 번째로 고유모델 자동차를 보유하게 되었다. 현대는 1975년 11월에 종합자동차공장을 완공하면서 포니를 대량으로 생산하게 되었으며, 1978년 12월까지 10만 대를 생산하는 기록을 남겼다. 포니를 매개로 현대는 1976년부터 기아를 제치고 자동차업계 1위로 올라섰다. 포니는 남미와 중동을 비롯한 세계 각국에 수출되었던 최초의 국산 승용차이기도 하였다.

기술능력의 발전과 관련하여 현대가 고유모델 포니를 개발하면서 얻었던 가장 중요한 성과로는 기술 인력의 양성을 들 수 있다. 현대는 이탈디자인에 대리에서 차장급에 이르는 5명의 인력을 1년 동안 파견하여 차체 설계에 관한 제반 기술을 습득하도록 하였다. 그들은 일과 시간에는 현지 기술자들이 일하는 모습을 눈에 담았다가 퇴근 후에는 이를 기록하고 토론하는 일을 반복하였다. 또한 현대는 시작차를 제작하고 시험할 때에 초빙한 영국인 기술자와 국내 기술진이 공동으로 작업을 수행하게 하였고, 포니를 본격적으로 생산하면서 새시, 차체, 시험, 금형, 프레스, 엔진 등 각 부문별로 외국인 전문가 7명과 3년간 고용 계약을 체결하여 기술적 자문을 받았다. 이러한 과정을 통하여 현대의 기술진은 선진 기술을 흡수하는 것은 물론 독자적으로 기술 활동을 수행할 수 있는 경험을 축적할 수 있었다.

또한 현대는 고유모델의 개발을 계기로 부품 국산화율을 획기적으로 개선시켰다. 현대는 포니를 처음 출시한 1975년에 85%의 국산화율을 달성한 데 이어 1976년부터는 부품 국산화율을 90% 이상으로 유지하였다. 이에 반해 외국 모델을 기본으

| 울산박물관에 소장 중인 고유모델 포니. 1981년에 네덜란드에 수출된 것으로 현대자동차가 2011년에 구입하여 울산박물관에 기증하였다. (자료: 울산박물관)

로. 한 기아의 브리사나 GM코리아의 제미니는 생산 초기에 부품 국산화율이 70% 내외에 머물렀다. 외국 모델을 도입한 다른 기업들은 수입 부품의 사용이 불가피하였던 반면, 고유모델을 개발한 현대는 국산 부품을 적극적으로 활용하는 방식을 택하였던 것이다. 이러한 현대의 전략은 우리나라 자동차 부품 업계의 발전을 도모하고 다른 완성차 업체의 국산화율을 개선하는 데에도 긍정적인 영향을 미쳤다.

대량 생산 체제의 구축과 기술추격

—   포니 프로젝트를 매개로 현대는 1970년대 후반에 국내 자동차 시장의 주도권을 장악하면서 대대적인 호황을 누렸다. 그러나 1979년부터 제2차 석유파동과 정치적 혼란 등으로 국내 경제가 불황국면에 접어들면서 자동차산업도 타격을 받기 시작하였다. 특히 자동차산업은 석유 가격에 민감하였기 때문에 그 영향이 더욱 심각하였다. 이로 인해 1978년까지 설비 증설에 힘써 왔던 국내 자동차업계의 가동률이 급격히 떨어져, 가장 상황이 양호하였던 현대의 경우도 50%를 밑도는 사상 최저 수준을 기록하였다. 그 결과 1980~1981년의 2년간 국내 자동차 3사의 총 적자는 무려 1,438억 원에 이르게 되었다.

이에 정부는 중화학 투자 조정의 일환으로서 국내 기업 간 과당 경쟁 억제와 가동률 제고를 위한 차종별 전문화를 골자로 하는 자동차산업의 구조 개편을 추진하였다. 1980년 8 · 20조치의 주요 내용은 '① 현대와 새한의 통합으로 승용차 생산 일원화 및 1~5톤 급 상용차 생산 금지, ② 기아의 승용차 생산 금지 및 1~5톤 급 상용차 독점 생산, ③ 5톤을 초과하는 트럭과 버스는 모든 업체가 생산'하는 것이었다. 이 중에서 가장 핵심적인 것은 현대와 새한의 통합이었는데, 이것은 한국 자동차산업을 둘러싼 현대와 GM 사이의 갈등으로 무산되었고 결국 승용차 생산은 현대와 새한으로 이원화되었다. 또한 정부는 1981년에 1~5톤 버스 및 트럭에 대한 기아와 동아의 통합, 그리고 일부 특장차에 대한 동아의 독점 생산을 조치하였으나 1982년에 이르러 모두 철회하였다.

자동차산업 재편에 대한 논의가 일단락되면서 현대는 1978년부터 모색해 왔던 X-카 프로젝트를 본격적으로 추진하였다. 1981년 10월 발표된 X-카 프로젝트의 골자는 미쓰비시와의 기술제휴 및 합작투자를 통하여 1985년까지 전륜구동형 소형 승용차인 엑셀을 연간 30만 대 생산할 수 있는 공장을 건설하고 생산된 승용차를 선진국 시장에 대량으로 수출한다는 것이었다. 당시 우리나라의 승용차 보유 대수가 26만 대에 불과하였다는 사실을 감안한다면 30만 대 규모의 X-카 프로젝트는 매우 야심찬 것이었다고 평가할 수 있다.

경기불황의 국면에서 이처럼 공격적인 전략을 채택한 것은 포니로 대표되는 초기 고유모델의 한계에서 비롯되었다. 포니의 경우 처음부터 정상적 가격으로는 수출이 불가능하여 정책적으로 설정된 출혈가격에 의해서만 수출이 가능하였다. 그런데 그것은 포니의 연간 생산 규모가 5~10만 대 수준으로 국제 경쟁력을 갖출 수 있는 규모의 경제 수준(연산 30만 대)에 크게 미치지 못하였다는 점에 기인하였다. 이러한 의미에서 포니와 같은 초기 고유모델은 수출을 지향하기는 하였으나 정상적으로는 수출 시장에 진출하기 어려웠던 '수출 지향적 수입 대체 단계'라고 할 수 있다.

현대와 비슷한 시기에 국내 경쟁사들도 전륜구동형 소형 승용차의 양산 체제 확립과 미국 수출을 추진하였다. 기아의 프라이드와 대우의 르망이 그것이다. 그러나 여기에서도 현대와 다른 업체들 사이에는 뚜렷한 차이점이 발견된다. 우선 프라이드와 르망은 마쓰다와 오펠이 개발한 페스티바와 카데트의 완성된 도면을 도입하여 국내에서 제조한 것에 불과하다. 즉 이미 개발이 완료된 차종을 들여와 국내에서 생산하는 것이므로 제품기술의 영역에서 국내 기술 인력이 참여할 여지가 거의 없었던 것이다. 또한 수출 전략에 있어서 현대는 자기 고유의 상표로 수출하는 데 반해, 기아와 대우는 각각 포드와 GM의 상표로 수출하는 방식을 택하였다. 즉 프라이드와 르망의 경우에는 기술/제조/판매의 각 영역을 마쓰다/기아/포드 또는 오펠/대우/GM이 담당하는 3국 간 국제 분업 체제에 기초하고 있었다. 이에 따라 기아와 대우는 그 책임이 제조에 대한 것으로 국한되었지만, 현대의 경우에는 제조는 물론 제품 설계상의 품질 보장과 배기 및 안전 규제의 충족 등을 포함한 모든 문제를 스스로 해결해야 하였다.

현대는 X-카 프로젝트를 추진하면서 새로운 기술변화의 추세에 적극적으로 대응하는 모습을 보였다. 우선 현대는 포니에 적용하였던 후륜구동 방식을 폐기하고 엑셀에 전륜구동이라는 새로운 플랫폼을 선택하였다. 또한 기존의 프레임도어 대신에 도어 전체를 용접 없이 하나의 패널로 만드는 풀도어를 적용하였다. 그보다 더욱 중요한 것은 미국의 엄격한 배기 규제를 충족시키기 위하여 기존의 기화기 방식의 엔진을 대신하여 전자제어 방식의 엔진을 도입하였다는 점이다. 이를 위하여 현대는 미쓰비시로부터 FBC(feed-back carburetor) 엔진을 도입하였는데, 이것을 고유모델 차종과 수출 지역의 환경에 적응시키는 모든 과정은 자체적으로 수행하였다.

현대는 1986년에 30만 대 양산라인을 완공한 후 미국 시장에 본격적으로 진출하였다. 미국 수출은 1986년에 16만 대, 1987년에 26만 대를 넘어섰으며, 당시 엑셀은 미국에 진출한 소형차 중에서 품질이 가장 우수한 것으로 평가받았다. 엑셀의 성공은 기본적으로 틈새시장을 공략한 덕분이었다. 미국에서는 1979년 제2차 석유파동 이후에 연료 절약형 소형차에 대한 선호도가 높았는데, 미국의 자동차업체들이 이러한 환경변화에 기민하게 대응하지 못하여 미국 시장은 일본의 소형차에 의해 급속하게 잠식되고 있었다. 이에 위기의식을 느낀 미국은 일본산 자동차를 수출 자율 규제에 묶고 1985년 이후 수출 대수를 230만 대로 제한하기에 이르렀다. 수출 물량이 제한된 일본의 자동차

업체들은 중형차 판매를 늘리는 방향으로 전환하고 있었으며, 한국이 그 틈새를 공략하여 성공을 거둔 것이다.

현대가 X-카 프로젝트를 계기로 국제 규모의 대량 생산 체제로 이행함에 따라 겪게 된 가장 큰 문제점은 기술도입에 따른 엄청난 재정적 부담이었다. 예를 들어 현대는 엑셀 개발을 위해 미쓰비시에게 선불금 6억 5,000만 엔과 보수용 부품 순판매가의 3%에 해당하는 기술료를 비롯하여 엑셀 1대당 엔진 5,000엔, 트랜스액슬 2,000엔, 섀시 2,500엔, 배기 제어장치 5,000엔 등 1만 4,500엔의 로열티를 지불하였다. 이에 현대는 1980년대 초반부터 연구개발 투자를 크게 증대시키는 한편 기업 내 연구개발 조직을 대폭적으로 확충함으로써 기술도입을 대체할 수 있는 자체 개발의 기반을 구축하기 시작하였다. 1982년까지 매출액의 2% 정도에 불과하던 연구개발 투자는 1984년 이후 대폭 확대되어 1994년에는 매출액 대비 4.4%에 이르렀고, 연구개발 인력도 1982년에는 725명에 불과하였으나 1986년에는 2,247명, 1994년에는 3,890명으로 증가하였다.

또한 1982년에는 설계 전산화를 위하여 CAD/CAM 시스템을 도입함으로써 인력의 효율적 이용은 물론 개발 기간의 단축과 정밀도 향상 등에서 엄청난 진보를 이룰 수 있었다. 그리고 1984년에는 종합주행시험장을 건설하였다. 신차의 개발은 프리프로토카(pre-proto car), 프로토카, 파이로트카(pilot car), 양산시작차(量産試作車) 등 4단계에 걸친 시작 및 시험생산 과정을 통해 이루어지며, 이 과정에서 제반 성능을 시험하고 그 결과에 따라 설계를 변경·개선하는 작업을 거친다. 이러한 자동차산업의 특성상 종합주행시험장은 제품기술의 축적에 필수적인 기초 조건이라고 할 수 있다.

현대는 1984년 11월에 마북리연구소를 신설하면서 연구개발 체제를 대폭적으로 정비하기 시작하였다. 마북리연구소는 양산 일정에 상대적으로 구애받지 않으면서 자동차의 핵심 부품인 엔진과 변속기를 독자적으로 개발하기 위한 목적으로 설립되었다. 울산의 제품개발연구소는 수입한 기술을 다소 수동적인 방식으로 모방하고 적용하는 데 익숙해져 있기 때문에 독자적인 엔진을 개발하는 새로운 임무를 맡기기에는 적합하지 않다고 생각한 것이다. 또한 현대는 엑셀의 미국 시장 진출을 계기로 신차종 발표에 따른 현지 인증, 배기 및 안전 규제와 관련한 신기술과 경쟁사의 동향에 관한 정보 수집의 필요성을 크게 느껴 1986년 5월 미국에 현지 연구소인 HATCI(Hyundai American Technical Center Inc.)를 설립하였다.

이와 같이 1980년대에 걸쳐 지속적으로 이루어진 연구개발 체제의 정립 과정의 일차적 성과로는 고유모델 풀라인업(full line-up) 체제를 갖추게 되었다는 점을 들 수 있다. 1983년 전까지는 포니가 유일한 고유모델 승용차였으나 1983년, 1988년, 1992년에 각각 스텔라, 소나타, 뉴그랜저를 고유모델로 생산함으로써 현대는 소형차, 중형자, 대형차의 모든 차종을 고유모델로 구비하게 되었다. 대개 1개 차종의 평균 수명이 5년 정도이므로 5개 차종의 고유모델을 동시에 생산한다는 것은 1년에 1

차종 정도의 신차종 개발 능력을 구비하지 않고서는 불가능하다. 이러한 점에 비추어 볼 때 현대는 1990년을 전후로 모델 변경을 자체적으로 수행해 낼 수 있는 능력을 확보하였다고 할 수 있다.

이와 함께 현대는 1980년대를 통해 기술도입에 대한 의존도를 점차적으로 감소시켜 왔다(표 7 참조). 1980년대 초반까지만 해도 현대가 기술도입을 대체한 영역은 차체 설계와 섀시 디자인 등에 국한되어 있었으나 1988년 소나타 개발을 계기로 스타일링 부문에서도 기술도입을 대체하는 현상이 나타나기 시작

| 표 7. 현대 고유모델 승용차의 기술도입 의존도 추이 |

차종	포니	스텔라	X-1	Y-2	X-2	SLC	J-1	SLCα	L-2	Y-3	X-3	J-20
개발 시기	1976	1983	1985	1988	1989	1990	1990	1991	1992	1993	1994	1994
스타일링	×	×	×	○	○	○	○	○	○	○	○	○
차체 설계	×	○	○	○	○	○	○	○	○	○	○	○
엔진 및 변속기	×	×	×	×	×	×	×	○	×	△	○	○
섀시 디자인	×	△	△	△	△	△	△	○	×	△	○	○

주1: ×는 기술도입 의존, △는 기술도입 위주에 자체 개발 보완, ○는 독자 개발을 뜻함.
주2: X, Y, SLC, J, L은 각각 엑셀, 소나타, 스쿠프, 엘란트라, 그랜저의 코드명임.
자료: 김견, "1980년대 한국의 기술능력발전과정에 관한 연구: '기업내 혁신체제'의 발전을 중심으로" (서울대학교 박사학위 논문, 1994), p. 218.

하였다. 물론 소나타(Y-2)부터 뉴엑셀 후속 차종(X-3)에 이르기까지 뉴엑셀을 제외한 모든 차종에 대해 현대는 이탈디자인에 스타일링 용역을 의뢰하였다. 그러나 소나타의 경우는 처음에 후륜구동 방식으로 개발을 추진하여 이탈디자인의 스타일링에 따라 차체 설계를 진행하던 중 수출 전략상 전륜구동 방식으로 개발 방향을 전환하면서 이탈디자인의 스타일링을 폐기하고 자체적으로 재설계를 하게 된 것이다. 이후 스쿠프와 엘란트라의 경우에도 기술용역을 활용하였지만, 이것은 유럽의 유행과 디자인 개념을 참조하기 위한 것이었을 뿐 실제 스타일링은 이와는 별개로 독자적으로 이루어졌다.

이러한 기술혁신에 대한 노력을 바탕으로 현대는 국내 자동차업계의 선두 주자의 지위를 계속 유지하면서 기술수준, 생산실적, 수출실적 등을 꾸준히 향상시켜 왔다. 1990년을 기준으로 현대의 제품기술 수준은 선진국의 80%에 도달한 반면, 기아와 대우의 경우에는 이에 훨씬 못 미치는 25%와 20%로 평가되었다. 또한 우리나라의 자동차 생산량 및 수출량은 1988년을 계기로 각각 100만 대와 50만 대를 돌파하여 세계 10위의 자동차 생산국으로 부상하였다. 현대는 승용차 생산량에 있어서 1980년대를 통하여 국내 총생산량의 60% 이상을 유지해 왔으며, 자동차 수출량에 있어서는 1984~1986년에 국내 수출량의 90% 이상을 차지하는 기록적인 성과를 달성하기도 하였다.

한국 사회는 자동차산업의 발전과 국민소득의 향상을 배경으로 1980년대 중반 이후에 자동차 대중화 시대에 접어들었다.

1980년대에는 1989년 한 해를 제외하면 자동차 내수 증가율이 두 자릿수를 기록하였으며, 특히 1988년 서울올림픽 이후에 내수가 폭발적으로 증가하였다. 자동차 보유 대수는 1985년에 100만 대를 넘어선 후 1988년에는 200만 대, 1990년에는 300만 대를 돌파하였으며, 1991년 이후에는 해마다 평균 100만 대씩 증가하여 1997년에는 자동차 1,000만 대 시대를 맞이하였다. 이와 같이 국내 기업들은 폭넓은 내수시장을 바탕으로 안정적인 투자를 계속할 수 있었고, 그것은 결국 한국 자동차산업의 경쟁력을 강화시키는 중요한 기반이 되었다.

독자모델로의 이행과 기술창출

우리나라의 자동차산업은 현대가 5년 6개월 동안 1,300억 원을 투입하여 1991년에 알파엔진을 자체적으로 개발함으로써 개발도상국으로서는 처음으로 독자모델의 단계에 진입하였다. 고유모델이 자동차 생산에 필요한 주요 요소기술을 해외에 의존하는 단계라면, 독자모델은 그것을 자체적으로 개발하는 단계라고 할 수 있다. 우리나라 자동차산업의 경우에는 자체 개발에 의한 기술도입의 대체가 차체 설계, 스타일링, 엔진/변속기의 순으로 이루어져 왔는데, 알파엔진의 개발을 계기로 자동차 생산에 필요한 전 분야에 걸쳐 자체 개발이 이루어지게 되었다.

독자모델이라고 해서 기술도입이 전혀 없었던 것은 아니다.

| 울산박물관에 소장 중인 알파엔진. 알파엔진의 개발은 우리나라 자동차기술의 독립선언으로 평가되고 있다. (자료: 울산박물관)

독자 엔진의 개발에 필요한 기술축적이 충분하지 않았던 상태에서 기술도입은 불가피한 것이었다. 그러나 알파엔진의 개발을 위해 현대가 도입한 기술은 이전에 미쓰비시로부터 도입한 기술과는 그 의미가 전혀 달랐다. 즉 현대는 생산을 위해 완성된 기술을 도입한 것이 아니라 개발을 위해 필요한 요소기술을 선택적으로 도입한 것이다. 이것은 알파엔진의 개발에 필요한 기술을 도입한 업체가 미쓰비시와 같은 완성차 업체가 아니라 영국의 리카르도(Ricardo Engineering)와 같은 기술용역 업체였다는 점에서도 잘 드러난다.

현대가 1984년에 리카르도와 체결한 기술용역 계약의 내용은 리카르도가 개념설계는 물론 상세설계, 시작, 성능시험에 이르는 엔진개발의 모든 과정을 1회에 국한하여 책임지고 수행하는 것이었다. 하지만 이 과정에서 현대가 리카르도에 파견한 6명의 연구원은 개념설계를 위하여 구조와 강도를 계산하고 해석하는 방법을 익혔고, 리카르도의 감독과 지도하에 현대의 기술 인력이 직접 상세설계와 성능시험을 수행하였다. 이러한 직접적 실습을 통해 축적된 기술능력은 알파엔진의 개발을 성공으로 이끈 가장 중요한 기반으로 작용하였다.

그러나 리카르도의 협조로 개발된 1단계 엔진은 최종적으로 개발된 알파엔진과는 전혀 달랐다. 리카르도는 엔진 생산 업체가 아니라 기술용역 업체였기 때문에 리카르도가 설계한 엔진에는 원가 개념이 전혀 반영되지 않아 굉장히 무거웠고 생산성도 매우 떨어졌다. 사실상 1994년부터 현대가 양산한 알파엔진은 국내 기술진의 주도로 3번의 전면적 설계 변경과 수많은 시행착오를 거쳐 개발된 것이다. 물론 그 과정에서 현대가 특별히 채용하였던 외국인 기술자로부터 많은 시사점을 제공받기는 하였지만, 시험의 구체적 내용을 설계하고 실제로 시험을 수행하며 그 결과를 해석하고 개선방안을 찾아내는 모든 과정은 현대의 기술 인력이 담당하였다. 당시에 시험을 하다가 파손된 엔진 한 개가 아파트 한 채 가격이었음에도 불구하고 현대의 기술 인력은 최고 경영진의 전폭적인 지원을 바탕으로 20여 개의 엔진이 파손되는 시험을 꾸준히 수행할 수 있었다고 한다.

결국 알파엔진 개발 과정에서 현대가 리카르도로부터 얻고자 하였고 실제로 얻은 것은 완성된 설계도면이 아니라 자체 기술진의 실습에 의한 노하우였다. 공식적인 기술도입 계약은 설계가 완료된 도면과 1차 시작품을 인도받으면서 종결되었다. 만일 현대가 독자 엔진 1기종을 개발하는 것을 목표로 삼았다면 개발과정 전체를 외부에 의뢰하는 편이 훨씬 경제적이었을 것이다. 이러한 점에서 현대는 처음부터 기술도입을 적극적인 기술학습의 기회로 간주하고 완성된 도면의 획득보다는 개발과정에 직접 참여하는 전략을 취하였다고 할 수 있다. 이와 관련하여 현대의 알파엔진 개발은 '실행에 의한 학습(learning by doing)'에서 '연구에 의한 학습(learning by research)'으로의 전환을 상징한다는 해석도 있다.[15]

현대는 알파 프로젝트를 추진하면서 변속기의 자체 개발도 동시에 진행하였다. 변속기 개발의 경험이 거의 없었던 연구팀은 처음에 외국의 샘플 수동변속기와 미쓰비시의 도면을 유일한 교사로 삼아 변속기 설계에 관한 학습을 수행하였고, 결국 미쓰비시의 자동변속기를 알파엔진에 적합하도록 변형하는 방식을 통하여 독자모델에 사용될 자동변속기를 개발하는 데 성공하였다. 현대는 독자적으로 개발한 알파엔진과 변속기를 스쿠프와 액센트에 탑재함으로써 선진 자동차업체들과 실질적으

---

15 Linsu Kim, "Crisis Construction and Organizational Learning: Capability Building in Catching-up at Hyundai Motor", *Organization Science*, Vol. 9, No. 4 (1998), pp. 506~521.

로 경쟁할 수 있는 위치에 서게 되었다. 그동안 현대는 자사에서 생산한 자동차의 엔진 및 변속기가 일본 제품이었기 때문에 "고유의 한국 차가 아니라 준(準)일본 차와 다를 바 없다."라는 비판을 받았다. 그런데 알파 프로젝트를 성공적으로 수행함으로써 이러한 평가를 불식시키고 본격적인 기술자립의 단계로 나아갔던 것이다.[16]

알파엔진 개발의 가장 큰 의미는 현대가 이후에 다른 독자 엔진을 자체적으로 설계·개발할 수 있는 기술능력을 배양하였다는 점에서 찾을 수 있다. 이것은 후속 프로젝트의 진행 과정에서 기술도입을 점진적으로 줄여갔다는 점에서 잘 드러난다. 현대의 두 번째 독자 엔진은 감마엔진이었는데, 이와 관련한 기술도입은 리카르도가 아닌 오스트리아의 AVL로부터 이루어졌다. 알파엔진에서는 엔진개발의 1회 사이클 전체가 기술도입의 대상이었던 반면, 감마엔진의 경우에는 AVL이 개념설계를 수행하고 현대의 설계도면에 대해 검토하는 것이 도입한 기술의 전부였다. AVL의 개념설계를 바탕으로 현대가 상세설계, 부품설계, 성능시험의 모든 과정을 독자적으로 실행한 것이다. 더나아가 감마엔진 이후에 추진된 뉴 알파엔진과 베타엔진의 개발은 외부의 기술도입 없이 전적으로 자체 연구 인력으로 수행하였다. 이처럼 현대는 일련의 독자엔진 개발 프로젝트를 추진하는 과정에서 기술도입에 대한 의존도를 점차적으로 줄여나

16　현대자동차, 『현대자동차사』(1992), pp. 764~765.

가 지금은 전혀 기술도입에 의존하지 않고 독자적으로 엔진개발이 가능할 정도로 기술능력을 향상시키게 되었다.

현대의 기술발전은 특허 활동의 추이에서도 잘 나타난다. 1988년까지만 해도 연간 10건 정도에 불과하였던 현대의 특허 활동 건수는 1989년부터 급속히 증가하여 1991년에는 124건, 1992년에는 348건, 1993년에는 659건에 이르렀다. 이러한 점에 비추어 볼 때 현대의 연구개발 활동의 수준은 1990년대 전반을 계기로 질적으로 향상되었다고 평가할 수 있다. 이러한 현대의 특허 활동 건수는 국내 경쟁사와는 비교할 수 없을 정도로 많은 것으로서 현대가 다른 기업들에 앞서 독자모델 단계에 진입하는 공격적인 전략을 구사하였기 때문으로 풀이된다.

이상과 같은 기술혁신에 힘입어 현대는 1995년에 121만 대의 자동차를 생산하여 생산 대수 기준으로 세계 13위에 올라섰으며, 우리나라는 1995년에 총 250만 대를 생산함으로써 미국, 일본, 독일, 프랑스에 이어 세계 5위의 자동차 생산국으로 부상하였다. 또한 우리나라는 1996년에 121만 대의 완성차를 수출함으로써 세계 6위의 자동차 수출국 대열에 합류하였다. 이로써 한국의 자동차산업은 1976년에 최초의 고유모델인 포니 1,000대를 수출한 이래 불과 20년 만에 무려 1,000배의 수출 신장을 경험하였다. 이것은 신흥공업국 자동차업체의 대부분이 완성차 메이커로 발전하지 못하고 국제적인 부품 공급 창구로 전락하거나 완성차를 생산하는 경우에도 국제 경쟁력의 확보가 불가능하여 내수용 제품 생산에 그치고 있는 것과는 상당히 대조적인 양상이라고 할 수 있다.

현대는 IMF 직후에 부진한 수출 경쟁력을 만회하기 위하여 '10년 10만 마일 보증'이라는 배수진을 치고 품질 관리에 집중하였다. 현대의 품질 경영은 최고 경영진의 투철한 의지를 바탕으로 추진되었으며 품질총괄본부에서 모든 분야의 품질을 책임지고 점검하였다. 해외시장에서 품질로 승부하려고 하는 글로벌 경영 마인드가 싼값으로 승부하려는 기존의 습성을 몰아낸 것이다. 현대는 품질 관리 기법인 식스시그마(Six Sigma)를 자동차업계에서는 최초로 도입하였으며, 심지어 신차 개발에서도 예상 품질수준을 검토하여 통과할 것인지를 결정하는 품질 Pass제를 도입하였다. 이러한 노력을 바탕으로 현대자동차의 품질은 급속히 향상되었고, 신차 품질 평가에서 2007년까지 도요타를 앞선다는 목표를 2004년에 조기에 달성하였다.[17]

더 나아가 현대는 2000년 4월부터 2004년 8월까지 1,740억 원을 투입하여 세타엔진을 개발함으로써 엔진기술을 세계 최고 수준으로 발전시켰다. 알파엔진이 1.5리터 급의 소형차를 대상으로 삼았던 반면 세타엔진은 2.0리터 급의 중형차를 위한 것으로 현대의 국내외 주력차종인 소나타에 장착할 목적으로 준비되었다. 또한 밸런스 샤프트를 오일펌프가 내장된 모듈로 디자인하여 소음과 진동을 줄이는 독창적인 기술을 적용하

---

17 현영석, "현대자동차의 품질승리", 『한국생산관리학회지』 제19권 1호 (2008), pp. 125~151.

였고, 세계 최초로 간접 공기량 측정 방식을 이용하여 흡배기를 조절할 수 있도록 설계하였다. 이로써 각 부품들의 상호연관성을 종합적으로 고려한 최적화된 개발능력을 보유하게 되었다. 특히 세타엔진이 우리나라 자동차 역사에서 최초로 기술수출을 해낸 것은 주목할 만하다. 세타엔진이 현대, 크라이슬러, 미쓰비시가 주도한 세계엔진제조연합의 표준으로 채택되어 5,700만 달러의 기술료를 획득하는 성과를 거둔 것이다.

4.
역사는 1등만을 기억합니다,
삼성전자 반도체

한국의 반도체산업이 성장해 온 과정은 매우 극적이어서 '신화'라는 표현이 자주 사용된다.[18] 우리나라의 반도체산업은 1960년대 중반에 시작된 후 1980년대 이후에 D램(DRAM, Dynamic Random Access Memory)을 중심으로 급속히 성장하였다. 특히 삼성[19]은 64K D램부터 시작하여 선진국을 급속히 추격한 후 64M D램 이후에는 세계를 주도하는 반도체업체로 부상하였다

---

18 최영락, "한국인의 자긍심, 반도체 신화", 서정욱 외, 『세계가 놀란 한국 핵심산업기술』(김영사, 2002), pp. 133~175. 이하에서 논의하는 삼성 반도체의 사례는 송성수, "추격에서 선도로: 삼성 반도체의 기술발전 과정", 『한국과학사학회지』제30권 2호 (2008), pp. 517~544를 축약하면서 부분적으로 보완한 것이다.

19 삼성그룹에서 반도체사업을 담당해 온 기업은 한국반도체(1974~1978년), 삼성반도체(1978~1980년), 삼성전자(1980~1982년), 한국전자통신(1982년), 삼성반도체통신(1982~1988년), 삼성전자(1988년~현재)의 순으로 변천해 왔지만, 이 글에서는 편의상 '삼성'으로 칭하기로 한다.

| 표 8. 삼성의 D램 개발사 |

구분	64K	256K	1M	4M	16M	64M	256M	1G	4G
개발 시기	1983년 11월	1984년 10월	1986년 7월	1988년 2월	1990년 8월	1992년 9월	1994년 8월	1996년 10월	2001년 2월
소요 기간	6개월	8개월	11개월	20개월	26개월	26개월	30개월	29개월	30개월
개발 비용	7.3억	11.3억	235억	508억	617억	1,200억	1,200억	2,200억	2,200억
선진국과의 격차	5.5년	4.5년	2년	6개월	동일	선행	선행	선행	선행
선폭	2.4 μm	1.1 μm	0.7 μm	0.5 μm	0.4 μm	0.35 μm	0.25 μm	0.18 μm	0.13 μm

(표 8 참조). 삼성은 1992년부터 D램에서, 1993년부터는 메모리 반도체에서 세계 1위를 기록하고 있다. 우리나라 반도체산업 전체로는 1998년부터 D램에서, 2000년부터 메모리 반도체에서 세계 1위를 하고 있다.

반도체사업으로의 진출과 기술습득

—   우리나라의 반도체산업은 1965년에 미국의 중소기업인 코미(Komy)가 반도체를 조립하기 위한 합작회사를 설립하면서 시작되었다. 이어 페어차일드(Fairchild), 모토로라(Motorola), 도시바(Toshiba) 등과 같은 세계적인 기업들

이 투자함으로써 우리나라의 반도체산업은 성장 국면을 맞이하게 되었다. 당시에 외국인 투자회사는 모든 자재를 수입하여 이를 조립한 후 수출하는 방식을 취하고 있었다. 우리나라는 값싼 노동력을 제공하는 생산기지에 불과하였던 것이다. 국내 기업으로는 1970년에 금성사와 아남산업이 반도체 조립을 시작하였다. 이어 1974년 10월에 설립된 한국반도체가 단순 조립을 넘어 웨이퍼를 가공하는 데 도전하였으나 생산 경험의 미비와 재무 상황의 악화로 상당한 어려움을 겪었다. 이에 1974년 12월에 삼성이 한국반도체의 주식을 매입함으로써 반도체산업에 첫발을 내딛게 되었다. 그 후 삼성은 전자손목시계와 컬러텔레비전에 사용되는 트랜지스터와 집적회로를 국산화하는 데 성공하였다. 1970년대 후반에 삼성이 트랜지스터와 집적회로를 개발하면서 축적한 경험과 인력은 1980년대 이후에 첨단 반도체에 도전할 수 있는 기반이 되었다.

우리나라의 반도체산업은 1980년대 초반에 삼성, 현대, 금성(현재의 LG) 등과 같은 대기업들의 적극적인 참여를 배경으로 본격적으로 성장하기 시작하였다. 당시에 국내의 대기업들은 전자산업의 불황을 극복하기 위한 방안으로 반도체에 주목하면서 대규모 투자를 계획하였고, 정부도 1981년 9월에 '반도체 육성 장기계획(1982~1986년)'을 수립하면서 전자산업의 육성이 반도체 부문에 집중될 것이라고 강조하였다. 전자제품에 널리 사용되는 반도체를 대부분 일본에서 수입하고 있었기 때문에 반도체기술의 자립 없이는 전자산업의 발전이 어렵다고 판단하였던 것이다. 여기에는 일본의 대기업들이 반도체에 집중적으로 투자하여 미국에 필적하는 성과를 거둔 것도 상당한 자극으로 작용하였다.

삼성은 1982년 9월에 김광호 이사를 중심으로 전담팀을 구성하여 과거의 사업을 평가하면서 새로운 사업을 모색하기 시작하였다. 전담팀은 그동안의 사업 성과, 향후의 시장 전망, 기술 발전의 추이 등을 본격적으로 검토하였다. 국내에서의 업무 추진이 일단락되자 삼성은 1983년 1월에 미국 출장팀을 구성하였다. '반도체 신사유람단'이란 별명을 얻은 미국 출장팀은 대학, 연구소 등을 조사하면서 반도체에 대한 최신 정보를 수집하는 한편 구체적인 사업계획서도 작성하였다. 미국 출장팀의 보고서를 검토한 후 이병철 회장은 1983년 2월 8일에 소위 '동경 (東京) 구상'을 통해 반도체사업에 대한 대대적인 투자를 공표하였다.

동경 구상이 공표되자 수많은 우려와 비판이 제기되었다. 반도체처럼 위험한 사업에 대규모로 투자를 하였다가 실패하면 국민 경제에 심각한 악영향을 미친다는 것이었다. 삼성의 공식 자료에도 선진국과의 격심한 기술격차, 막대한 투자 재원 조달의 부담, 고급 기술 인력의 부족, 특수 설비 공장 건설의 어려움 등과 같은 수많은 문제들이 산적해 있었다고 기록되어 있다.[20] 이와 같은 불확실성에도 불구하고 삼성이 첨단 반도체산업에

---

20 삼성반도체통신, 『삼성반도체통신 10년사』(1987), p. 187.

도전한 데에는 이병철 회장의 신념이 결정적인 역할을 한 것으로 전해진다. 그는 1986년에 발간된 『호암자전(湖巖自傳)』에서 다음과 같이 회고한 바 있다.

인구가 많고 자원이 없는 우리나라가 살아남을 길은 무역입국(貿易立國) 밖에는 없다. 삼성이 반도체사업을 시작하게 된 동기는, 세계적인 장기 불황과 선진국들의 보호무역주의 강화로 값싼 제품의 대량 수출에 의한 무역도 이젠 한계에 와 있어 이를 극복하고 제2의 도약을 하기 위해서는 첨단기술 개발 밖에 없다고 판단하였기 때문이다. … 또 우리 주변의 모든 분야에서 자동화, 다기능화, 소형화가 급속히 추진되고 여기에 필수적으로 사용되는 반도체 비중이 점차 커져 국제 경쟁력을 확보하기 위해서는 피나는 반도체 개발 전쟁에 참여해야만 한다. 반도체는 제철이나 쌀과 같은 것이어서 반도체 없는 나라는 고등기술의 발전이 있을 수 없다. … 생각하면 생각할수록 난제는 산적해 있다. 그러나 누군가는 만난(萬難)을 무릅쓰고 반드시 성취해야 하는 프로젝트이다. 내 나이 칠십삼 세. 비록 인생의 만기(晚期)이지만 이 나라의 백년대계를 위해서 어렵더라도 전력투구를 해야 할 때가 왔다. 이처럼 반도체 개발의 결의를 굳히면서 나는 스스로 다짐하였다.[21]

---

21 이병철, 『호암자전』(중앙일보사, 1986), pp. 237, 243~244.

첨단 반도체사업에 진출한다는 결정이 내려진 후 삼성이 당면한 가장 큰 문제는 주력 제품을 선택하는 데 있었다. 삼성은 그 자체로 수익을 낼 수 있는 품목을 개척하기 위하여 비(非)메모리 반도체 대신에 메모리 반도체를 선택하였으며, 메모리 반도체 중에서도 경쟁이 치열할 것으로 예상되지만 시장 규모가 가장 크고 기술개발을 선도하고 있는 D램을 선택하였다. 삼성은 D램을 주력 품목으로 선정하면서 64K D램을 개발한다는 목표를 세웠다. 1K, 4K, 16K D램을 생략하고 곧바로 64K D램에 도전한다는 야심찬 목표였다. 이것은 선진국이 밟아 왔던 단계를 모두 거쳐서는 계속해서 선진국에 뒤질 수밖에 없다는 판단에 입각한 것이었다.

이와 함께 삼성은 외국에 있는 한국계 과학기술자들을 영입하는 데도 적극적인 노력을 기울였다. 특히 이임성, 이상준, 이일복, 이종길, 박용의 등과 같이 미국의 우수한 대학에서 박사 학위를 받고 반도체 관련 업계에서 실무 경험을 축적한 사람들이 스카우트의 대상이었다. 삼성은 스카우트한 재미 과학기술자들을 중심으로 1983년 7월에 미국 산호세에 현지법인을 설립하였다. 미국 현지법인은 신제품 및 신기술 개발, 국내 기술 인력의 현지 연수, 미국 시장에 대한 수출 창구, 최신 정보의 입수 등과 같은 역할을 담당하였다.

삼성은 1983년 5월부터 64K D램을 개발하는 작업에 착수하였다. 당시에 삼성은 선진국에 비해 크게 뒤떨어지지 않는 조립 생산기술은 자체적으로 개발하는 한편, 국내에 전혀 확보되어 있지 않은 설계기술과 검사기술은 선진국으로부터 도입한다는 전략을 세웠다. 이를 위하여 삼성은 D램 산업을 주도하고 있던 미국과 일본의 선진업체들에 접근하였지만 그들은 모두 기술이전에 인색한 자세를 보였다. 우여곡절 끝에 선택한 기업은 미국의 벤처기업인 마이크론 테크놀로지(Micron Technology)와 일본의 중견 기업인 샤프(Sharp)였다.

삼성은 효과적인 기술이전을 위해 마이크론에서 기술연수를 받기로 하였다. 이를 위하여 삼성은 유능한 신입사원을 중심으로 기술연수팀을 구성하여 6개월 동안 철저한 준비 교육을 시켰다. 더 나아가 기술연수팀 구성원들에게 현재 자기가 맡은 일이 얼마나 중요한지에 대하여 철저한 정신무장을 시켰다. 당시에 삼성은 64K D램에 대한 각오와 팀워크를 다지는 특별 훈련

| 64K D램 개발에 앞서 진행되었던 '64킬로미터 행군'의 모습 (자료: 삼성전자)

으로 '64킬로미터 행군'을 실시하기도 하였다. 저녁을 먹은 후 무박 2일 동안 실시된 행군은 산을 넘고 공동묘지를 지나면서 갖가지 과제를 수행하는 훈련이었다. 행군 도중에 꺼낸 도시락에는 D램 개발에 성공해야 하는 이유를 담은 편지 한 통이 있었던 것으로 전해진다.

그러나 삼성의 기술연수팀은 그다지 환영받지 못하였다. 마이크론은 삼성을 미래의 경쟁자로 생각하면서 기술이전에 적극적인 자세를 보이지 않았던 것이다. 이에 삼성의 기술연수팀은 자신이 맡은 공정의 구조와 내역을 암기한 후 일과 후에 숙소에 모여 각자의 기억을 바탕으로 짜깁기를 하며 전체적인 그림을 만들었다. 또한 반도체기술을 조기에 습득해야 한다는 일념으로 자료를 몰래 뒤지거나 개인적인 친분을 쌓는 방법을 통해 정보를 얻어내는 일도 마다하지 않았다.

삼성은 마이크론으로부터 64K D램 칩을 제공받은 후 이를 재현하는 작업을 추진하였다. 그것은 완제품을 사다가 이를 분해하여 해석함으로써 기술을 익히는 방법으로서 흔히 '역행 엔지니어링(reverse engineering)'으로 불린다. 조립생산기술이 어느 정도 정립된 후에는 미국 현지법인의 이상준 박사와 이종길 박사, 그리고 마이크론에서 연수를 받았던 이승규 부장을 중심으로 웨이퍼 가공에 관한 기술을 개발하는 작업을 병행하였다. 64K D램 개발팀은 밤낮을 잊고 기술개발에 매진하였으며, 밤 11시에는 소위 '일레븐 미팅'을 하였다. 각자 맡은 일을 수행하다가 밤 11시에 모여서 그날의 성과와 문제점에 대한 토론을 벌였던 것이다. 이러한 노력을 바탕으로 결국 삼성은 착수 6개월 만인 1983년 11월에 64K D램을 개발하는 데 성공하였다. 이로써 우리나라는 미국과 일본에 이어 세계에서 세 번째로 64K D램을 개발한 국가가 되었다.

삼성은 64K D램을 개발하면서 양산공장을 건설하는 데에도 박차를 가하였다. 한 쪽에서 반도체를 개발하는 동안 다른 한 쪽에서는 반도체 공장을 지었던 것이다. 반도체 장비는 약간의 먼지나 진동에도 오류를 일으킬 만큼 민감하기 때문에 반도체 공장을 건설하는 것은 쉬운 일이 아니었다. 이 때문에 선진국에서는 반도체 공장을 건설하는 데 18개월 정도가 걸렸지만, 이병철 회장은 "6개월 만에 공장 건설을 완료하라."라는 지시를 내렸다. 이런 상황에서 건설현장의 직원들은 추운 날씨에도 24시간 내내 일하다시피 하였다. 이 때문에 당시에 기흥공장 건설현장에 붙여진 별명은 '아오지 탄광'이었다.

삼성은 64K D램 생산라인인 제1 라인에 착공한지 2개월 후인 1983년 11월에 256K D램 생산라인인 제2 라인의 내역을 검토하였다. 제1 라인은 4인치 웨이퍼를 사용할 예정인데 제2 라인의 경우에는 웨이퍼의 크기를 얼마로 할 것인지가 문제였다. 삼성에서는 5인치 라인과 6인치 라인을 놓고 논쟁이 벌어졌다. 5인치 라인을 주장하는 진영은 4인치에 겨우 익숙한 현장 기술자와 작업공이 5인치에 대한 경험 없이 6인치로 곧바로 갈 경우에 기술을 충분히 습득할 수 없다고 판단하였다. 또한 아직 256K D램 생산기술이 개발되지 않은 상태인데 만약 생산 공정에서 문제가 발생하면 그 원인이 기술의 미숙 때문인지 아니면 장비의 결함 때문인지 판단하기 어려운 문제도 있었다. 그러나 이러한 문제점에도 불구하고 삼성은 6인치 웨이퍼를 사용하기로 결정하였다. 선진업체를 하루빨리 따라잡기 위해서는 보다 공격적인 전략을 구사해야 한다는 것이었다.

삼성은 1984년 3월에 256K D램을 개발하는 데 착수하였다. 256K D램의 경우에는 기술도입과 자체 개발을 병행하는 양면적 전략(dual strategy)을 시도하였다. 국내에서는 이윤우 이사를 중심으로 설계기술의 도입을 통하여 256K D램을 개발하는 한편, 미국 현지법인에서는 이일복 상무를 중심으로 설계기술부터 독자적인 개발을 추진하였던 것이다. 국내 연구팀은 마이크론에서 설계기술을 도입하여 1984년 10월에 256K D램을 개발하는 데 성공하였고, 미국의 현지법인은 1985년 4월에 설계를 완료한 후 같은 해 9월에 양품(良品)을 확보하는 성과를 거두었다.

256K D램을 개발하는 과정에서 삼성은 국내의 연구진이 미국 현지법인에서 기술연수를 받도록 하였다. 젊고 유능한 사원 32명을 선발한 후 미국 현지법인에 파견하여 D램 제조기술을 체계적으로 배울 수 있게 하였던 것이다. 당시에 파견된 사원들은 현지법인의 연구원을 그림자처럼 따라다니면서 기술을 습득하는 데 많은 노력을 기울였다. 일과가 끝난 후에도 연수팀은 개인적인 시간을 제약하면서 당일 교육의 성과와 문제점에 대한 토론회를 개최하여 기술학습의 효과를 제고하였다.

선택과 경쟁을 통한 기술추격

—   삼성은 첨단 반도체사업에 진출하
면서 미국의 현지법인이 핵심기술을 개발하고 국내에서는 양
산을 담당하는 것을 기본 방침으로 삼았다. 그러나 1M D램을
개발할 무렵에는 상황이 달라졌다. 256K D램을 개발할 때 미
국에 기술연수를 다녀왔던 사람들이 귀국하면서 국내 연구팀이
1M D램을 직접 개발하겠다고 나섰던 것이다. 이에 따라 미국
의 현지법인팀과 국내 연구팀 중에 누가 기술개발을 주도할 것
인가를 놓고 상당한 논쟁이 벌어졌다. 결국 삼성은 1985년 9월
에 이일복 상무를 중심으로 하는 현지법인팀과 박용의 박사를
팀장으로 하는 국내팀이 동시에 1M D램을 개발하기로 결정하
였다. 두 팀이 동시에 연구개발에 착수하면 비용은 두 배로 들
지만 성공할 확률은 더욱 높아질 수 있었다. 이와 함께 두 팀이
경쟁적으로 연구개발을 추진함으로써 시간을 단축하는 효과도
기대되었다.

그런데 1M D램 개발팀은 제품 사양을 결정하는 단계에서부
터 예상치 못한 어려움에 직면하였다. 삼성은 지금까지 선진업
체의 샘플을 입수 · 분석하여 기술의 흐름을 파악하고 이를 자
사의 관련 자료와 비교 · 검토함으로써 최적의 제품사양을 결
정해 왔다. 그런데 1M D램의 시제품을 발표한 바 있는 미국과
일본의 업체들이 삼성에 샘플을 제공하는 것을 기피하기 시작
하였다. M급 D램의 개발을 계기로 선진업체들이 삼성을 본격
적인 경쟁 상대로 간주하게 된 것이다.

선진업체의 삼성에 대한 견제는 특허권 침해 소송으로 이어졌다. 1986년 2월에 미국의 텍사스 인스트루먼트(Texas Instruments)는 일본의 8개 업체와 한국의 삼성이 자사의 특허를 침해하였다고 국제무역위원회에 제소하였다. 그때 일본의 업체들은 자신들이 보유하고 있던 메모리 분야의 개량 특허를 근거로 텍사스 인스트루먼트에 대항하였다. 결국 텍사스 인스트루먼트와 일본의 업체들은 1987년 5월에 특허 사용료를 지불하는 조건으로 크로스라이센싱(cross-licensing)을 체결함으로써 화해를 도출할 수 있었다. 반면 삼성은 D램에 관한 특허를 보유하고 있지 않았기 때문에 판결에서 패배하여 엄청난 경제적 손실을 입었다.

1M D램을 개발하는 과정에서도 기술선택의 문제가 제기되었다. 당시 반도체 기술의 경향은 N-MOS에서 C-MOS로 이행하고 있었다. 반도체 회로를 설계하는 방식에는 전자의 흐름을 이용하는 N-MOS와 홀의 흐름을 이용하는 P-MOS가 있으며, C-MOS는 N-MOS와 P-MOS를 모두 사용하는 방식이다. 삼성에서는 1M D램은 기존 방식을 따라 N-MOS 기술을 토대로 하자는 주장과 1M D램부터 C-MOS를 채택하자는 주장이 팽팽히 맞섰다. 결국 삼성은 자신이 보유하고 있던 기술을 과감히 버리고 당시의 추세에 부응하여 C-MOS로 설계를 변형하였다. 이때 채택된 C-MOS는 이후의 제품에서도 지배적인 위치를 차지함으로써 삼성은 선도업체들과의 기술격차를 크게 단축할 수 있었다.

1M D램에 대한 국내팀과 현지법인팀의 경쟁은 예상을 깨고 국내팀의 승리로 끝났다. 국내팀은 1M D램의 개발에 착수한 지 11개월 만인 1986년 7월에 양품을 생산한 반면 현지법인팀은 이보다 4개월 후인 1986년 11월에 1M D램의 개발에 성공한 것이다. 더구나 국내팀이 개발한 제품의 성능이 현지법인팀에 비해 더욱 우수한 것으로 판명되었다. 1M D램의 개발을 계기로 국내팀은 기술적 측면에서도 상당한 자신감을 갖게 되었다.

1987년은 삼성에게 행운을 가져다 준 해였다. 사실상 삼성의 반도체사업은 상당 기간 동안 고전을 면치 못하였다. 삼성은 1984년 9월부터 D램을 세계 시장에 수출하기 시작하였지만 같은 해 말부터 공급 과잉으로 인한 불황을 맞았다. 이에 대응하여 일본 업체들이 가격 덤핑을 시도하였고 D램의 가격은 크게 폭락하였다. 첫 출하 시 3달러였던 64K D램 가격이 1985년 8월에는 생산 원가인 1.7달러에도 크게 못 미치는 30센트까지 떨어지기도 하였다. 더욱이 1986년에는 텍사스 인스트루먼트의 특허 제소로 9,000만 달러의 배상금을 물어야 하였다. 이에 따라 1985~1986년에 반도체 공장의 가동률은 30%에 지나지 않았고, 2년 동안 삼성이 입은 손실은 2,000억 원에 달하였다.

이러한 사태는 1985년 말에 미·일 반도체 무역협정에 의거하여 공정거래가격이 설정되고 일본이 생산량을 축소하면서 서서히 해소되기 시작하였다. 게다가 1987년부터는 세계 경제가 활기를 되찾고 제2의 PC 붐이 일어나면서 256K D램을 중심으로 반도체 시장이 급속히 호전되기 시작하였다. 당시에 일본과 미국의 업체들은 256K D램을 구형 제품으로 간주하면서 1M D램의 생산에 집중하고 있었는데, 갑자기 삼성의 주력 제품이었던 256K D램의 수요가 폭발적으로 증가한 것이다. 더욱이 미·일 반도체 무역협정으로 공정거래가격이 설정되어 있었기 때문에 256K D램의 가격이 실질적으로 상승하는 효과까지 있었다. 이로 인해 삼성은 1987년을 계기로 3년 동안 누적된 적자를 말끔히 해소할 수 있었다.

텍사스 인스트루먼트의 특허 제소 사건을 계기로 국내의 반도체업체들은 독자적인 기술을 보유하는 것이 얼마나 중요한지를 절감하게 되었다. 이에 삼성, 현대, 금성은 1986년 5월에 반도체연구조합을 결성한 후 정부에 공동 연구개발사업을 제안하기에 이르렀다. 1986년 7월부터 1989년 3월까지 추진된 4M D램 공동 연구개발사업에는 정부, 한국전자통신연구소(ETRI), 삼성, 현대, 금성의 공동 투자를 바탕으로 총 879억 원이 투입되었다. 국내 업체들은 4M D램을 공동으로 개발하기 위해 연구개발 컨소시움을 구성하였으며 선의의 경쟁을 통하여 당초의 목표를 달성하였다. 4M D램 공동 연구개발사업은 참여기업의 본격적인 연구개발 활동을 촉진하는 데 크게 기여하였으며, 삼성으로부터 현대와 금성으로 기술이 이전되는 효과도 낳았다. 이러한 국가 공동 연구개발사업은 16M, 64M, 256M D램을 개발할 때에도 지속적으로 추진되어 1990년대 이후에 현대전자와 LG반도체가 세계적인 반도체업체로 성장할 수 있는 밑거름이 되었다.

삼성이 4M D램을 개발하는 과정에서도 국내팀과 현지법인팀의 경쟁이 있었다. 국내팀의 1M D램 기술이 채택되자 현지법인팀은 크게 반발하였고 이에 삼성의 경영진은 4M D램 개발에서도 경쟁 체제를 적용한 것이다. 그러나 두 번째 경쟁도 국내팀의 승리로 끝났다. 두 팀은 모두 1986년 5월에 4M D램의 개발에 착수하였는데, 1988년 2월에 국내팀이 먼저 양품을 생산하는 데 성공하였다. 이후에는 국내에서 D램 개발을 전담하고 현지법인은 D램 이외의 고부가가치 제품을 담당하는 체제가 정착되었다.[22]

4M D램을 개발하는 과정에서도 중요한 선택의 문제가 발생하였다. 1M D램까지는 플래너(planar) 방식으로도 필요한 셀을 충분히 만들 수 있었지만, 4M D램의 경우에는 평면 구조로는 부족하여 지하층을 더 만들거나 아니면 고층을 쌓아 올려야 하였다. 지하층을 만드는 트렌치(trench) 방식은 칩의 크기를 소형화할 수 있지만 생산공정이 길어져서 실제 제작이 어려운 문제점이 있었다. 이에 반해 고층을 쌓아 올리는 스택(stack) 방식은 공정이 상대적으로 짧고 대량 생산이 가능하지만 미세 가공이

---

22 당시에 삼성전자 회장을 맡고 있었던 강진구가 회고하였듯이, 국내팀이 현지법인팀과의 경쟁에서 계속해서 승리할 수 있었던 이유는 국내팀이 보여 준 엄청난 성실성에서 찾을 수 있다. "미국의 현지팀은 고도의 전문지식과 기술을 가지고 있었지만, 한국에서처럼 24시간, 아니 몇 개월씩 모든 것을 희생하면서 연구개발에 몰두할 수 없었다. 이에 비해 국내의 젊은 팀은 전문지식이나 기술의 핸디캡을 젊음을 불사르며 극복할 수 있었고, 자신과 가족의 희생도 당연시하는 분위기 속에서 '불철주야' 강행군을 하였던 것이다.", 강진구, 『삼성전자 신화와 그 비결』(고려원, 1996), p. 229.

곤란하고 칩의 면적을 축소하기 어려운 단점이 있었다. 당시에 IBM을 비롯한 미국 업체들은 대부분 트렌치 방식을 채택하고 있었고, 일본의 경우 도시바와 NEC는 트렌치를, 히타치, 미쓰비시, 마쓰시타는 스택 방식을 채택하고 있었다.

삼성이 1986년 5월에 4M D램의 개발에 착수하였을 때에는 진대제 박사가 IBM 출신이었던 관계로 트렌치 방식을 옹호하고 있었다. 그런데 우연한 기회에 김광호 부사장이 트렌치 방식으로는 4M D램의 수축이 매우 어렵다는 중요한 정보를 일본에서 입수하였다. 이를 계기로 삼성 내부에서는 4M D램의 개발 방식에 대한 격렬한 논쟁이 전개되었는데, 그 논쟁은 두 가지 방식에 대한 자세한 검토를 바탕으로 이건희 회장이 스택 방

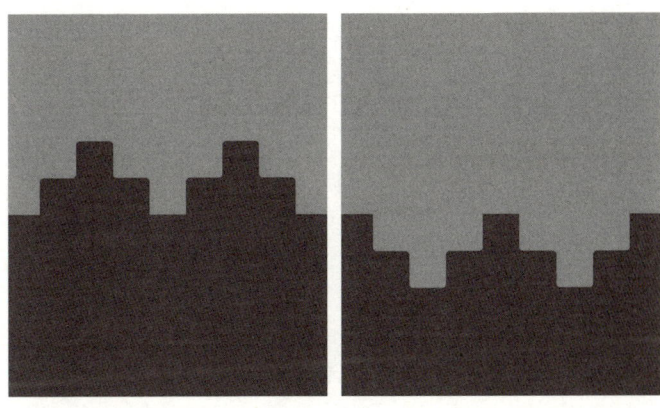

| 스택 방식(왼쪽)과 트렌치 방식(오른쪽)의 개념도. 당시에 이건희 회장은 "지하를 파는 것보다 위로 쌓아올리는 것이 수월하고 문제가 생겨도 쉽게 고칠 수 있을 것이라고 판단하였다."라고 한다.

식을 채택하는 것으로 마무리되었다. 스택 방식은 4M D램을 비롯하여 이후의 제품에서도 기술주류를 형성함으로써 트렌치 방식을 택한 업체들은 2군으로 밀려나고 스택 방식을 택한 업체들은 1군으로 성장하는 결과를 가져왔다.

세계 1위로의 도약과 기술창출

—　　　　　　　　　앞에서 살펴보았듯이 삼성은 1982년에 첨단 반도체사업에 진출한 후 6년이라는 짧은 기간 동안에 64K, 256K, 1M, 4M D램을 잇달아 개발하였다. 이 과정에서 선진국과의 기술격차도 5.5년, 4.5년, 2년, 6개월로 점차 단축되었다(표 8 참조). 그러나 4M D램까지는 외국의 기술을 도입하거나 신제품에 대한 정보를 입수하여 선진업체를 신속히 추격하는 데 초점이 맞추어져 있었다. 물론 1M D램과 4M D램을 개발할 때에는 선진업체로부터 샘플을 입수하는 것도 어려웠지만, 이 경우에도 C-MOS나 스택 방식과 같이 기술경로에 대한 선택지는 제공되고 있었다. 그런데 삼성이 1988년부터 추진한 기술혁신 활동은 이전과 달리 선행 주자와 모범 사례가 없는 상태에서 무형의 목표에 도전하는 것이었다.

삼성은 1988년 11월에 경기도 기흥에 D램을 전담하는 연구소 설립에 착수하여 1989년 11월에 준공하였다. 기흥연구소는 선진국과 치열한 경쟁을 벌일 것으로 예상되는 16M D램 이상의 반도체를 개발하는 데 필요한 기초기술, 제품기술, 공정기술에 대한 첨단 연구개발 작업을 집중적으로 수행하기 위한 목적에서 설립되었다. 이와 함께 삼성은 선례가 없는 무형의 목표에 효과적으로 대응하기 위하여 1989년 4월부터 '수요공정회의'라는 제도를 도입하였다. 반도체를 담당하는 임원과 간부들이 매주 수요일 오후 7시에 모여서 자유로운 난상토론을 통해 차세대 신제품 개발에 대한 전략을 수립하자는 것이었다. 수요공정회의를 통해 삼성은 기술개발이 진척되는 정도를 사전에 점검할 수 있었을 뿐만 아니라 기술개발의 방향이나 방식에 대한 의견 차이도 극복할 수 있었다.

삼성은 1988년 6월에 16M D램의 개발에 착수한 후 1990년 8월에 시제품을 개발하는 데 성공하였다. 당시에는 16M D램의 시제품을 생산하는 해외 업체가 없었기 때문에 설계기술과 공정기술을 독자적으로 확립하는 것은 물론 감광 재료나 노광 장비의 일부도 자체적으로 개발해야 하였다. 이에 따라 과거에는 경험하지 못한 새로운 기술적 문제에 직면하고 이를 극복하는 과정이 계속되었다. 특히 'C형 반달무늬'로 불린 특이한 불량을 해결하기 위하여 삼성은 국제 특허까지 신청한 방식을 과감하게 포기하기도 하였다. 삼성보다 약간 앞서거나 비슷한 시기에 일본의 히타치, 도시바, 미국의 IBM 등이 16M D램을 개발하였다고 발표하였다. 16M D램의 개발을 계기로 일본과 미국의 업체들은 삼성의 독자적인 기술력을 공식적으로 인정하기 시작하였다.

삼성은 16M D램의 개발을 목전에 두고 있었던 1990년 6월

에 권오현 박사를 중심으로 64M D램을 개발하는 작업을 추진
하였다. 아직 16M D램의 개발이 완료되지 않았는데 차세대 제
품인 64M D램에 착수한 것이다. 그것은 삼성이 두 세대의 신
제품을 동시에 개발하는 방식을 활용하기 시작하였다는 점을
의미한다. 즉 4M D램이 양산 단계에 이르면 그것을 개발한 팀
이 64M D램의 개발에 착수하고, 다시 16M D램을 개발한 팀
이 차차세대 제품인 256M D램의 개발에 투입되는 것이다. 이
처럼 공격적인 방식을 활용하여 삼성은 1992년 9월에 세계 최
초로 64M D램을 개발하는 데 성공하였다.

1991년은 삼성에게 또 한 번의 행운을 가져다 준 해였다. 당
시 일본의 반도체 3강인 도시바, NEC, 히타치는 반도체산업의
주기적인 불황에 대비해 1M D램 생산라인의 증설을 중단하고
4M D램으로의 이동을 모색하고 있었다. 그런데 마이크로소프
트의 윈도가 폭발적인 인기를 누리면서 불황으로 예상되었던
반도체 시장이 뜻밖의 호황을 맞았다. 당시에 세계 각국의 컴퓨
터 업체들은 대량 공급이 가능하고 가격이 저렴한 1M D램을
선호하였다. 여기에 일본의 엔화 절상 사태까지 겹쳐 컴퓨터 업
체들의 구매 담당자들은 삼성으로 발길을 돌렸다. 이를 배경으
로 삼성은 일본의 도시바를 제치고 1992년부터 D램 분야에서,
1993년부터는 메모리 반도체에서 세계 최고의 생산업체로 부
상하였다.

1991년에 삼성은 또 하나의 승부수를 띄웠다. 그것은 16M D
램 양산라인을 8인치로 하는 것이었다. 16M D램은 삼성이 처

음으로 선진국과 비슷한 시기에 개발한 제품이었기 때문에 양산 속도가 빠를 경우에는 선진국에 앞서 반도체 시장을 주도할 수 있는 절호의 기회를 잡을 수 있을 것이라고 판단한 것이다. 8인치 라인은 6인치 라인에 비해 생산성이 1.8배 높을 것으로 예상되었지만, 막대한 설비 투자와 고도의 기술이 필요하기 때문에 대부분의 업체들은 8인치 라인의 도입을 주저하고 있었다. 당시에는 후지츠, 도시바, NEC, 히타치 등의 일본 업체들이 8인치 파일럿라인을 보유하고 있는 정도에 불과하였다. 삼성이 8인치 양산라인 설치를 위해 NEC에게 지원을 요청하였을 때 NEC는 비협조적인 자세를 보이기도 하였다. 삼성은 1991년 1월에 파일럿라인을 가동하여 제반 문제점을 검토한 후에 1993년 6월에 양산라인을 준공함으로써 세계 최대의 16M D램 생산 공장을 확보하였다.

　삼성은 1992년 1월부터 황창규 박사를 중심으로 256M D램을 개발하는 작업을 추진하였다. 이때 삼성은 처음부터 256M D램을 제작하지 않고 이미 개발된 16M D램에 256M D램의 사양을 적용하는 방식을 적용하였다. 16M D램을 통해 선폭을 축소하는 기술을 확보한 후에 이를 바탕으로 완전한 256M D램을 개발한다는 것이었다. 그것은 선폭의 축소와 용량의 증가를 동시에 추진하는 것이 기술적으로 매우 어렵기 때문에 채택한 우회적인 전략이었다. 삼성은 1992년 12월에 16M D램의 선폭을 0.28마이크로미터로 축소하는 기술을 확보한 후 1994년 8월에는 선폭이 0.25마이크로미터인 256M D램을 세계 최초로 개발하는 데 성공하였다. 이처럼 삼성은 기존 제품에 새로운 사양을 적용하고 이를 통해 차세대 제품을 개발하는 방식을 활용함으로써 16M D램의 성능을 향상시킴과 동시에 256M D램을 추가로 개발하는 일석이조의 효과를 누릴 수 있었다.

삼성은 '꿈의 반도체'로 불리는 G급 D램에서도 다시 한 번 세계 최고의 기술력을 입증하였다. 삼성은 1996년 10월에 선폭이 0.18마이크로미터인 1G D램을 개발하였고, 2001년 2월에는 선폭이 0.13마이크로미터인 4G D램의 시제품을 개발하는 데 성공하였다. 이로써 삼성은 64M, 256M, 1G, 4G D램의 4세대를 연속해서 세계 최초로 개발한 기업이 되었다. 삼성의 G급 D램은 세계에서 최초로 개발된 것일 뿐만 아니라 가장 선폭이 좁은 초미세 가공 기술을 적용한 것이다. 오늘날 삼성은 경쟁업체보다 1년 내지 1.5년 앞선 기술력을 보유하고 있으며, 이를 바탕으로 제품의 생산 시기를 주도적으로 결정하고 있다.

삼성은 D램 개발에 대한 선발 주자의 이점을 생산성 향상에도 적극적으로 활용하였다. 대표적인 예로는 집적도와 선폭이 일대일 대응 관계를 유지한다는 통념을 넘어 차세대 설계 및 공정 기술을 현세대 제품에 적용하는 독특한 방식을 채택하였다는 점을 들 수 있다. 16M D램의 경우 1991년에 출하될 때에는 0.42마이크로미터였지만, 1995년 이후에는 64M D램을 개발하면서 확보한 0.35마이크로미터의 선폭이 적용되었다. 64M D램의 경우에도 0.35마이크로미터의 선폭에서 출발하였지만, 단계적으로 256M, 1G, 4G에서 사용되었던 0.25마이크로미터,

0.18마이크로미터, 0.13마이크로미터의 선폭이 적용되었다. 이와 같은 방식을 통해 삼성은 생산 비용을 크게 절감하였을 뿐만 아니라 생산 제품의 기술적 기반을 통일할 수 있었다.

삼성은 1990년대 후반부터 반도체사업의 새로운 발전전략을 적극적으로 모색하였다. 당시 D램으로 세계 시장을 주도하고 있음에도 D램 위주의 제품 구성으로는 지속적인 성장을 보장받기 어렵다는 우려가 계속해서 제기되었기 때문이다. 삼성은 비메모리 반도체로 급속히 전환하는 방식보다는 D램의 부가가치를 제고함과 동시에 생산 제품을 다각화하는 전략을 선택하였다. 이와 같은 삼성의 심화 및 다각화 전략은 미국이나 일본 업체들이 1990년대 이후에 D램에 대한 투자를 축소하고 비메모리 반도체에 대한 투자에 집중한 것과는 대비되는 것이었다.

삼성의 생산 제품 다각화를 선도한 제품은 모바일 기기에 주로 사용되는 플래시메모리였다. 삼성이 플래시메모리에 진출할 때에는 인텔이 장악하고 있었던 노어(NOR)형과 도시바가 주도하고 있었던 낸드(NAND)형의 두 가지 선택지가 있었다. 전자는 접근 시간이 빠르고 후자는 용량이 크다는 장점을 가지고 있었는데, 삼성은 성장 가능성이 높을 것으로 판단된 낸드형을 선택하였다. 삼성은 1996년 64M 제품에서 2005년 16G 제품에 이르기까지 낸드플래시의 용량을 매년 2배씩 증가시켰으며, 2003년에는 플래시메모리에서 세계 최고의 기업으로 부상하였다.[23]

더 나아가 삼성은 플래시메모리 시장을 개척하는 과정에서 퓨전반도체라는 새로운 기술경로를 창출하였다. 그것은 플래시메모리가 USB 메모리, MP3 플레이어 등에 활용되고 있었지만, 근본적으로는 휴대전화 시장을 공략해야 한다는 판단에서 비롯되었다. 당시에 휴대전화 시장은 노어플래시를 기반으로 삼고 있었는데, 삼성은 휴대전화 시장이 고용량을 필요로 하기 때문에 낸드의 시대가 도래할 것으로 확신하였다. 이를 현실화하기 위하여 삼성은 2001년 12월부터 시스템LSI사업부와 메모리사업부의 협력을 바탕으로 낸드플래시를 운영할 수 있는 소프트웨어를 만들기 시작하였다. 그 결과 2004년 11월에 출시된 1G 원낸드(OneNAND)는 낸드플래시, S램, 비메모리의 기능을 하나의 칩에 집적함으로써 읽기 속도가 빠른 노어플래시의 장점과 쓰기 속도 및 고집적에서 유리한 낸드플래시의 장점을 동시에 구현할 수 있었다.

삼성은 원낸드 이외에도 원디램(OneDRAM), 플렉스원낸드(FlexOneNAND)와 같은 퓨전반도체를 잇달아 개발하였다. 원디램은 D램과 S램을 하나로 합친 것으로, 2006년 12월 처음 출시되었을 때에는 매출 실적이 저조하였다. 그러나 2007년 6월부터 무선사업부와의 협력을 바탕으로 스마트폰에 적용하는 작업을 추진하여 2008년 8월에 원디램을 적용한 스마트폰이 출시되면서 휴대용 정보통신기기의 소형화를 가속화시키는 데

---

23 신장섭, 장성원, 『삼성 반도체 세계 일등 비결의 해부』 (삼성경제연구소, 2006), pp. 77~82.

크게 기여하고 있다. 2007년 3월에 탄생한 플렉스원낸드는 고속 데이터 처리용 플래시메모리와 대용량 데이터 저장용 플래시메모리의 장점을 결합한 것으로 칩의 성능이나 용량을 가변적으로 조정할 수 있는 특징이 있다. 이전에는 자주 사용하는 데이터는 고속 메모리에 저장하고 영화와 음악과 같은 데이터는 외장형 메모리에 담도록 설계되어 있었지만, 플렉스원낸드는 칩의 메모리 공간을 둘로 갈라 한 쪽은 고속용으로, 다른 한 쪽은 대용량으로 만들어 사용할 수 있도록 설계되었다.

5.
에필로그

　이 책에서는 철강, 조선, 자동차, 반도체를 사례로 한국 기업의 기술능력 발전 과정을 기술습득, 기술추격, 기술창출의 단계로 구분하여 논의하였다. 기술습득의 단계에서는 제품 생산에 필요한 기본적인 기술이 확보되었는데, 그것은 주로 해외연수를 통해 획득한 기술을 생산 현장에 재현하는 형태로 이루어졌다. 기술추격의 단계에서는 의식적으로 기술격차를 축소하기 위한 활동이 전개되었으며, 기술혁신의 범위가 거의 모든 영역을 포괄하는 것으로 이어졌다. 기술창출 단계에서는 기존의 기술경로를 추격하는 것을 넘어 새로운 기술경로를 개척하는 활동이 전개되면서 선진국에서도 선례가 없는 기술이나 해당 기업의 고유한 기술이 개발되기 시작하였다.

　물론 한국의 기술발전 단계는 이와 다른 식으로도 개념화할 수 있다. 예를 들어 이진주 등은 기술, 기업, 산업, 국가, 세계 등의 다차원적 시각에서 도입기술의 수준, 기술획득의 방법, 기술습득의 내용, 기술 활동의 성격 등을 고려하여 개발도상국의 기술발전 과정을 도입(introduction), 내재화(internalization), 창출(creation)의 세 단계로 규정하였다. 또한 김인수는 기술궤적, 흡수능력, 기술이전, 위기조성, 동태적 학습을 고려하여 한국의 기술발전 단계를 복제적 모방(duplicative imitation), 창조적 모방(creative imitation), 혁신(innovation)으로 구분하였다.[24]

흥미로운 점은 한국 기업이 기술 활동의 성격과 내용을 동시에 변화시키면서 기술능력을 압축적으로 발전시켜 왔다는 점이다. 한국 기업은 계속해서 성숙기 기술을 대상으로 기술 활동을 전개해 온 것이 아니라 해당 기술의 수명 주기가 성숙기, 과도기, 유동기로 선진화되는 것과 기술 활동의 성격이 습득, 추격, 창출로 발전하는 것이 동시에 이루어졌던 것이다. 이러한 점을 고려할 때 한국 기업이 압축적으로 기술능력을 발전시켜 온 과정의 요체는 성숙기 기술의 습득, 과도기 기술의 추격, 유동기 기술의 창출로 개념화할 수 있을 것이다(표 9 참조).

포스코, 현대중공업, 현대자동차, 삼성전자 등 사례 기업이

---

24 Jinjoo Lee, Zongtae Bae and Dongkyu Choi, "Technology Development Process: A Model for a Developing Countries with a Global Perspective", *R&D Management*, Vol. 18, No. 3 (1986), pp. 235~250; Linsu Kim, "Building Technological Capability for Industrialization: Analytical Frameworks and Korea's Experience", *Industrial and Corporate Change*, Vol. 8, No. 1 (1999), pp. 111~136.

| 표 9. 한국 기업의 압축적 기술발전에 관한 개념도 |

기술 활동의 성격 / 기술의 수명 주기	기술습득	기술추격	기술창출
유동기(A)	A1	A2	A3
과도기(B)	B1	B2	B3
성숙기(C)	C1	C2	C3

기술능력을 발전시키는 과정에서 보여 준 전반적인 특징을 살펴보면 다음과 같다.

첫째, 한국 기업의 발전에는 기업가정신(entrepreneurship)이 중요한 배경으로 작용하였다. 박태준, 정주영, 정세영, 이병철 등은 거의 무에서 유를 창조하는 식으로 해당 기업의 발전을 이끌어왔다. 그들은 새로운 산업에의 진입, 진입 초기의 과감한 투자, 적절한 기술의 선택 등에서 탁월한 도전정신과 리더십을 보여 줌으로써 해당 기업이 글로벌 기업으로 성장하는 데 크게 기여하였다. 물론 해당 기업은 대규모 자원을 상대적으로 용이하게 조달할 수 있는 위치에 있었지만, 이러한 기업가들의 굳건한 의지 없이는 해당 기업의 급속한 발전이 매우 어려웠을 것이다.

둘째, 지속적인 대규모 투자를 통해 기술발전의 원천을 창출하였다는 점이다. 대규모 투자를 한 후 신규 설비를 가동하면 각종 기술적 문제가 발생하고 그것을 해결하기 위해 수많은 기술적 노력을 기울이기 마련이다. 이와 함께 대규모 설비를 최대한 활용하기 위해서는 여러 가지 대안을 찾아야 하며 이러한 필요에 의해 연구개발에 대한 투자도 증가하게 된다. 이미 어느 정도의 기술수준을 구비한 상태에서 신규 설비에 대한 투자를 하는 선진국과 달리 한국의 경우에는 일단 대규모 투자를 한 후에 적절한 생존 방안을 찾는 과정에서 기술능력이 발전하는 모습을 보였던 것이다. 물론 이와 같은 특징이 모든 산업에 그대로 적용될 수 있는 것은 아니며, 본문에서 살펴본 철강, 조선, 자동차, 반도체는 기본적으로 규모집약산업에 해당한다고 볼 수 있다.[25]

셋째, 진입 장벽이 낮은 것에서 높은 것으로 기술의 영역을 단계적으로 확대하였다는 점이다. 철강에서는 조업기술, 공정기술, 제품기술의 순으로, 조선에서는 건조기술, 설계기술, 제품기술의 순으로, 자동차에서는 조립기술, 설계기술, 엔진제작기술의 순으로, 반도체에서는 조립기술, 웨이퍼 가공, 설계기술의 순으로 기술능력이 발전되어 왔던 것이다. 이처럼 한국 기업은 단기간에 습득이 가능한 생산기술에서 출발하여 점차적으로 난이도가 높은 영역에 도전하는 모습을 보였다. 이러한 점은

---

25 이와 관련하여 파빗(Keith Pavitt)은 기술혁신의 특성에 따른 기업의 유형을 공급자지배기업(supplier-dominated firms), 규모집약기업(scale-intensive firms), 전문공급자(specialized suppliers), 과학기반기업(science-based firms)으로 분류한 바 있다. Keith Pavitt, "Sectoral Patterns of Technical Change: Towards a Taxonomy and a Theory", *Research Policy*, Vol. 13, No. 4 (1984), pp. 343~373.

제품 혁신이 먼저 이루어진 후 공정 혁신이 본격화되는 선진국과는 다른 특성에 해당하는 것으로 해석할 수 있다.

넷째, 한국 기업은 기술능력 발전 과정에서 태스크포스팀을 통한 병렬적 개발 시스템(concurrent development system)을 적극 활용하였다. 즉 핵심적인 기술과제를 대상으로 태스크포스팀을 구성한 후 연구개발, 시제품 개발, 양산기술 개발을 순차적으로 진행하지 않고 병렬적으로 추진하였다. 이를 통해 기술개발 기간을 단축하는 것은 물론 보다 시장성 있는 기술을 개발할 수 있었다. 병렬적 개발 시스템의 구체적인 형태는 기업마다 약간의 차이를 보이지만, 제품의 개발과 생산라인의 건설을 병렬적으로 추진하는 방식이나 여러 제품에 대한 연구개발 활동을 동시에 추진하는 방식 등은 사례 기업에서 공통적으로 나타나는 특징이라고 할 수 있다.

이 책에서 살펴본 포스코, 현대중공업, 현대자동차, 삼성전자 등은 우리나라 산업화를 이끌어 온 주요 기업일 뿐만 아니라 세계적인 경쟁력을 구비한 글로벌 기업에 해당한다. 우리나라가 본격적인 산업화를 시작한지 40여 년 만에 이와 같은 기업을 보유하게 된 것에 대해서는 일종의 자긍심을 가질 수도 있을 것이다. 특히 이러한 기업들은 단순한 생산성 향상을 넘어 기술능력을 끊임없이 발전시켜 왔기 때문에 향후에도 지속적으로 성장할 가능성을 가지고 있다. 그러나 이러한 기업들이 경쟁력 차원이 아닌 삶의 질과 관련된 차원에서도 세계적인 수준에 이르고 있는지에 대해서는 의문의 여지가 남아 있다. 앞으로는 우리